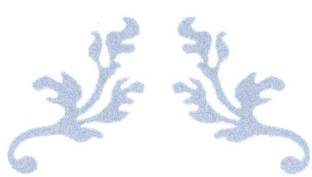

DALL'ATOMO AI QUARK

Nel regno dell'invisibile

ANTONIO CANONICO

SAGGISTICA

Prefazione

Se immaginiamo di ingrandire una goccia d'acqua fino a farle raggiungere le dimensioni della Terra, un atomo, nelle proporzioni, assumerà un diametro di pochi metri. Il diametro del suo nucleo, conseguentemente, sarà di appena qualche centesimo di millimetro. Perciò l'atomo, salvo il piccolo e massiccio nucleo, è quasi perfettamente vuoto. Possiamo allora considerare neutrone e protone come una stessa particella: il *nucleone*.

I dati sperimentali mostrano che la forza protone-protone, la forza neutrone-neutrone e la forza neutrone-protone sono essenzialmente identiche. Le forze tra nucleoni sono indipendenti dalla carica elettrica posseduta dal protone. I nucleoni formano perciò la materia *adronica* (materia pesante).

La massa di un protone è circa 2.000 volte maggiore della massa di un elettrone che rientra a far parte della materia *leptonica*, ovvero materia leggera.

Dallo studio dei raggi cosmici, scoperti circa un secolo fa, emerse l'esistenza di un'altra famiglia di particelle non del tutto inattesa. Il fisico giapponese Hideki Yukawa aveva previsto, su basi squisitamente teoriche, l'esistenza di particelle 200 volte più pesanti dell'elettrone e massa 1/10 di quella del protone. Esse furono chiamate *mesoni* che, dal greco classico, significa "intermedie". Queste particelle hanno un potere penetrante notevole rispetto agli elettroni ma sono instabili.

Il Modello Standard delle particelle

Protoni, neutroni e mesoni (barioni) sono composti da quark. I barioni comprendono tre quark, i mesoni due. I quark, a differenza di altre particelle subatomiche, possiedono una carica elettrica frazionaria.

Ad esempio, un protone è composto da due quark con flavor (gusto) «up» e da un quark con flavor «down» ed hanno carica rispettivamente 2/3, 2/3 e -1/3 la cui somma è +1, che è la carica elettrica positiva elementare. Un neutrone è composto da due quark «down» e da un quark «up» ed hanno carica rispettivamente 2/3, -1/3 e -1/3 la cui somma è zero, come è lecito attendersi.

Tra gli anni '60 e '90 del secolo scorso la materia conosciuta è stata classificata mediante 6 tipi di quark, raggruppati in 3 famiglie. La teoria che è alla base della classificazione è conosciuta come il «Modello Standard delle particelle».

La materia adronica è composta da 6 quark con flavor: *up, down, charm, strange, top e bottom*. La più leggera di queste particelle è il quark "up" mentre la più pesante è il quark "top".

La materia leptonica è composta di 6 leptoni con flavor: $v_e, e, v_m, m, v_\tau, \tau$. Ovvero, elettrone e neutrino dell'elettrone, muone e neutrino del muone, particella tau e neutrino tauonico.

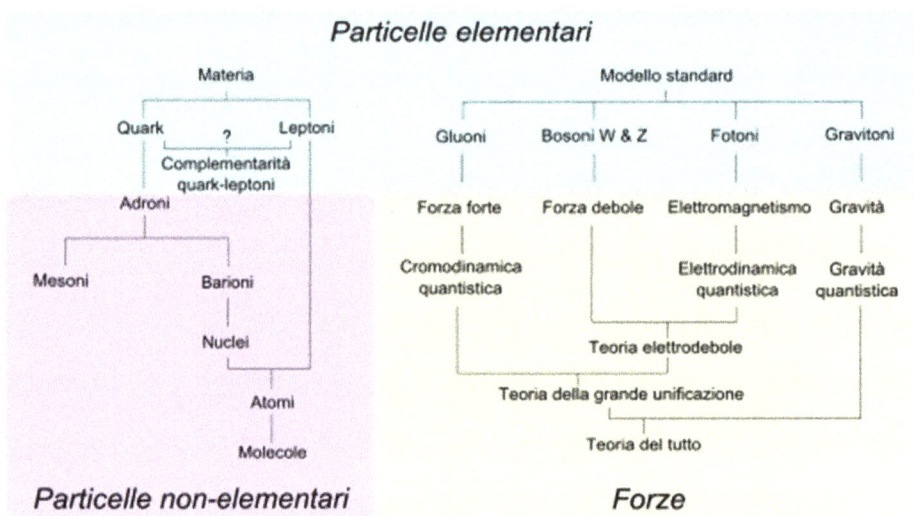

Figura 1 - Schema delle particelle subatomiche

Su scala microscopica, il Modello Standard descrive le interazioni tra particelle mediante le forze: elettromagnetica, debole e forte.

La forza gravitazionale è talmente debole nel mondo submicroscopico che può essere trascurata mentre diventa preponderante su scala cosmica.

Le particelle cariche di elettricità "comunicano" tra loro attraverso i fotoni, ovvero i quanti di energia elettromagnetica. I quark "comunicano" attraverso i gluoni (b, g, r) che interessano il campo dell'interazione forte.

Le "notizie" che si scambiano quark e leptoni sono supportati dai bosoni W e Z in ambito dell'interazione debole.

Fotoni, gluoni e bosoni hanno una natura sia ondulatoria che corpuscolare.

Presentati gli oggetti che danno vita al microcosmo e le forze con cui essi interagiscono, il

Modello Standard è perciò la *Teoria* che spiega i meccanismi con cui la materia è aggregata utilizzando il concetto di «simmetria». Essa ha un enorme successo sperimentale ma lascia aperte alcune questioni non del tutto secondarie. La domanda più ricorrente riguardava «cosa dà massa alle particelle»? Non solo: la simmetria tra l'interazione elettromagnetica e quella debole si rompe ad energie di circa 200 Giga-electron-Volt. Ad energie più basse queste due interazioni sono distinguibili.

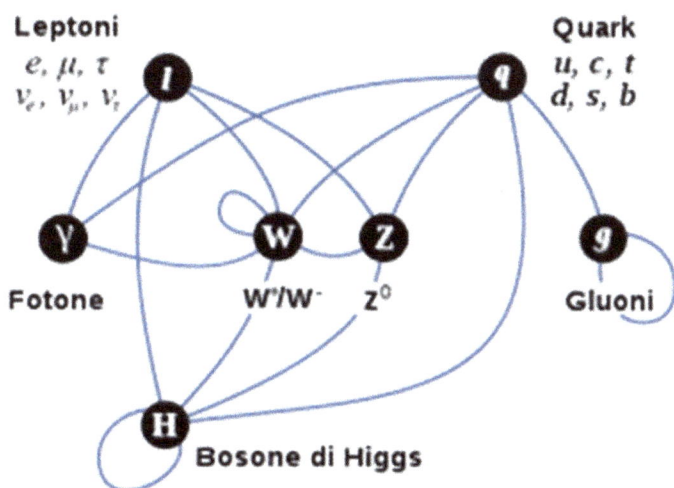

Il meccanismo che regola la rottura della simmetria elettrodebole (EWSB) non è ancora del tutto compreso. Il modello di rottura più studiato è il meccanismo di Higgs. Modelli extra-dimensionali prevedono che il mondo abbia più di quattro dimensioni e che il bosone di Higgs sia la componente extra-dimensionale di un nuovo bosone.

Il Large Hadron Collider (LHC) può chiarire, attraverso esperimenti ad hoc, alcuni aspetti di questa ingarbugliata matassa che apre a domande ancora più complesse sulla natura della materia-energia oscura.

Figura 2 - Large Hadron Collider (LHC) - CERN

CHE RUOLO HA LA MECCANICA QUANTISTICA?

Nella prima metà del Novecento questa teoria fu sviluppata come teoria matematica per spiegare fenomeni del mondo sub-microscopico, ovvero il comportamento degli atomi e dei suoi costituenti.

Molti hanno sentito parlare di meccanica quantistica ma non sanno esattamente a cosa serva. Fa parte di quella cultura popolare che la descrive come un'area difficile da comprendere tranne che per una modesta quantità di esseri umani che lavora in campi specialistici della scienza o dell'ingegneria.

Nonostante le stranezze e le sue regole matematiche, la meccanica quantistica occupa un posto d'eccezione nei processi tecnologici. Senza la spiegazione quantistica del comportamento degli elettroni, che si muovono nello spazio atomico dei diversi materiali, non avremmo compreso il comportamento dei semiconduttori. Non sarebbero stati costruiti i transistor al silicio o i circuiti integrati dei moderni computer. Neanche i laser, i DVD e il Blu-Ray, oppure i telefoni dell'ultima generazione o la navigazione satellitare o la Risonanza Magnetica o la Tomografia Computerizzata.

Si stima che più di 1/3 del Prodotto Interno Lordo (PIL) del mondo tecnologicamente avanzato dipende da queste applicazioni. Senza la comprensione della meccanica quantistica, larga parte degli oggetti che utilizziamo non esisterebbe.

E questo è solo l'inizio. Potremmo disporre di energia elettrica in quantità pressoché illimitate utilizzando i laser per la fusione nucleare. Automi molecolari potranno eseguire innumerevoli compiti di ingegneria, di biochimica e di medicina. I computer quantistici svilupperanno a pieno l'Intelligenza Artificiale ed il teletrasporto.

La "rivoluzione quantistica" trasformerà la nostra vita nel corso del III millennio. E allora? Che cos'è la meccanica quantistica?

Spero di poterla illustrare nei modi più semplici e concreti attraverso brevi paragrafi, per non appesantire troppo l'argomento e mantenere acceso l'interesse per la lettura.

Una meraviglia del mondo quantistico è sicuramente quella "perla" che va sotto il nome di "dualismo onda-particella". Noi stessi siamo composti di atomi e l'energia, come la luce, si trasmette mediante onde. La meccanica quantistica nacque quando si comprese che le particelle submicroscopiche si comportano come onde e le onde di luce si comportano come particelle.

I microscopi elettronici fanno largo uso di questo concetto. I virologi, ad esempio, usano questi oggetti per identificare e studiare il virus del COVID 19, che non può essere identificato con un normale microscopio ottico. L'invenzione del microscopio elettronico fu ispirata dalla scoperta che gli elettroni hanno proprietà ondulatorie. Siccome la lunghezza d'onda associata agli elettroni è molto più piccola di quella della luce visibile, un microscopio basato su immagini elettroniche risolve molti problemi che un microscopio ottico non è in grado di fare.

Se pensiamo di studiare, ad esempio, la forma o la natura di un sasso mediante un'onda marina, che ha una lunghezza d'onda di diversi metri, non otterremmo alcun risultato. Il nostro intuito ci porta a considerare il fatto che si necessita di un'onda che abbia una lunghezza (d'onda) più corta di quella della dimensione di un sasso per poter studiare le caratteristiche dell'oggetto da osservare.

Oppure. Perché il Sole splende?

Se si pensa al Sole come un reattore nucleare a fusione, che brucia l'idrogeno e rilascia il calore e la luce che permettono la vita sulla Terra, avremmo compreso ben poco dell'intero fenomeno. Il Sole non brillerebbe affatto se non fosse per una sorprendente proprietà quantistica. La nostra Stella riesce ad emettere enormi quantità di energia perché il nucleo dell'atomo di idrogeno, composto da una singola particella carica positivamente, il protone, riesce a fondersi, rilasciando energia sotto forma di radiazione elettromagnetica. Due nuclei di idrogeno devono trovarsi molto vicini per fondersi. Tuttavia, più essi si avvicinano, enorme diventa la forza repulsiva tra loro dal momento che cariche dello stesso segno si respingono. In realtà, perché due nuclei di idrogeno possano avvicinarsi così tanto da fondersi, le particelle costituenti quei nuclei devono riuscire ad attraversare l'equivalente subatomico di un "muro": una barriera energetica apparentemente impenetrabile. Le particelle come i nuclei di idrogeno, che obbediscono alle regole quantistiche, hanno un "asso nella manica": esse riescono ad attraversare le barriere energetiche mediante un processo conosciuto come "effetto tunnel", che è fondamentalmente collegato al dualismo onda-particella.

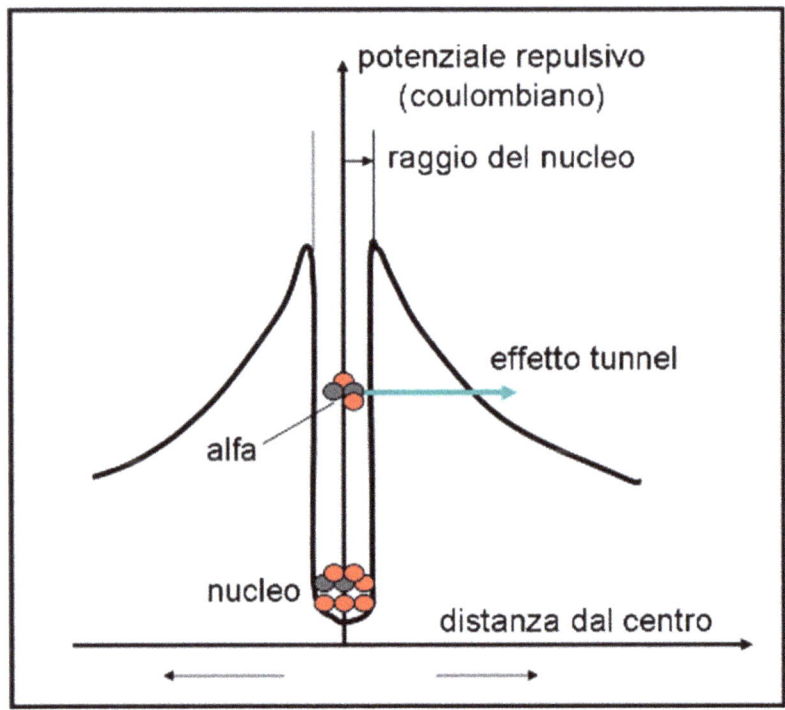

Figura 3 - Illustrazione dell'effetto tunnel

Anche le onde sonore attraversano i muri: altrimenti non sentiremmo la TV del vicino quando siamo in casa. Come può accadere? Le onde sonore sono onde di pressione che fanno vibrare gli atomi dei materiali costituenti il muro e da esso la vibrazione a sua volta si trasmette all'aria che trasporta il suono fino alle nostre orecchie.

Un nucleo di idrogeno all'interno del Sole fa esattamente la stessa cosa: si espande e quindi "trabocca" attraverso una barriera energetica. Ecco cosa significa "effetto tunnel". La spiegazione è resa volutamente semplice per dar modo di comprendere il misterioso effetto quantistico.

Molti dispositivi elettronici moderni (come ad esempio i diodi tunnel e le memorie EEPROM) basano il loro funzionamento su questo effetto.

L'effetto tunnel viene sfruttato anche nel microscopio elettronico. Quando si hanno dei materiali da esaminare al microscopio è possibile regolare la piccola punta di metallo del microscopio verso l'alto e verso il basso con un dispositivo piezoelettrico in modo da avvicinare la punta al campione, lasciando solo un piccolo spazio vuoto.

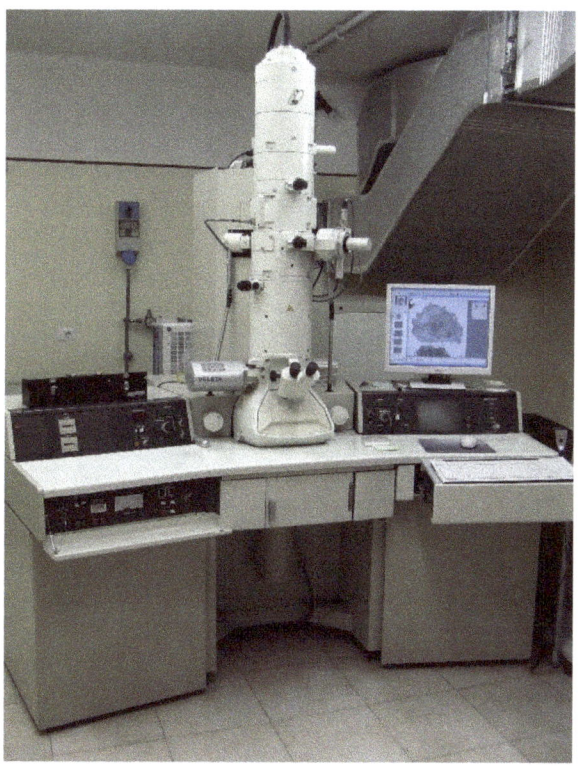

Figura 4 - Microscopio elettronico

Gli elettroni, a questo punto, riescono ad attraversare lo spazio vuoto per raggiungere la punta del microscopio dando origine a una debole corrente elettrica. Il numero di elettroni che riescono a passare, e quindi l'intensità della corrente di tunneling, dipende dallo spessore dello spazio vuoto.

LA SOVRAPPOSIZIONE QUANTISTICA

Il fenomeno fisico della "sovrapposizione quantistica" si riferisce al fatto che le particelle del mondo submicroscopico riescono a fare più cose nello stesso momento.

Questa proprietà dei costituenti la materia (e anche dell'antimateria) è responsabile della ricchissima complessità del nostro Universo. Non molto tempo dopo il Big Bang, lo spazio era invaso da un solo tipo di atomo: l'idrogeno.

Si trattava di uno spazio molto noioso. Nessuna Stella, nessuna Galassia, nessun Pianeta, niente vita. I mattoni fondamentali di tutto ciò che ci circonda, inclusi noi stessi, comprendono elementi più pesanti dell'idrogeno: il carbonio, il ferro, l'ossigeno e via via tutti gli altri elementi della "tavola".

Tutti questi "ingredienti" furono "cucinati" all'interno delle Stelle. Uno dei primi ritrovati tra questi prodotti fu una strana forma di idrogeno chiamata «deuterio». Esso deve la sua esistenza ad un pizzico di "magia quantistica". Quando due nuclei di idrogeno si trovano abbastanza vicini, grazie all'effetto tunnel, si innesca il processo che rilascia energia. I due protoni dell'atomo di deuterio si devono legare insieme, e questo non è affatto banale perché le forze in gioco sono enormi. Tutti i nuclei atomici sono composti da due tipi di particelle: i protoni (che hanno una carica elettrica elementare positiva) e i neutroni (che non hanno carica elettrica). Se un nucleo atomico ha troppi protoni o neutroni allora le regole della meccanica quantistica impongono di ristabilire l'equilibrio: le particelle in eccesso devono trovare un altro impiego, ovvero devono trasformarsi in qualcos'altro. I protoni in eccesso diventano neutroni, o viceversa, attraverso un processo chiamato «decadimento beta».

Questo è quanto accade quando i protoni si uniscono: un composto con due protoni non può esistere in un atomo di deuterio. Uno dei due protoni subisce il decadimento beta e si trasforma in neutrone. Il protone superstite e il neutrone appena formatosi danno origine ad un nocciolo atomico sconosciuto all'atomo di idrogeno. Il deuterio, quindi, è un "isotopo" pesante dell'idrogeno.

Il "deutone" (nucleo atomico del deuterio) deve la sua esistenza alla capacità di trovarsi simultaneamente in due stati, a causa della sovrapposizione quantistica. Protone e neutrone possono restare "incollati" in due modi diversi, a seconda di come ruotano su sé stessi, ovvero in base al loro "spin quantistico". Nel caso del deutone, la natura ha superato sé stessa: protone e neutrone coesistono simultaneamente nei due stati. Come se in un amplesso la coppia fosse indistinguibile: maschio e femmina insieme, simultaneamente.

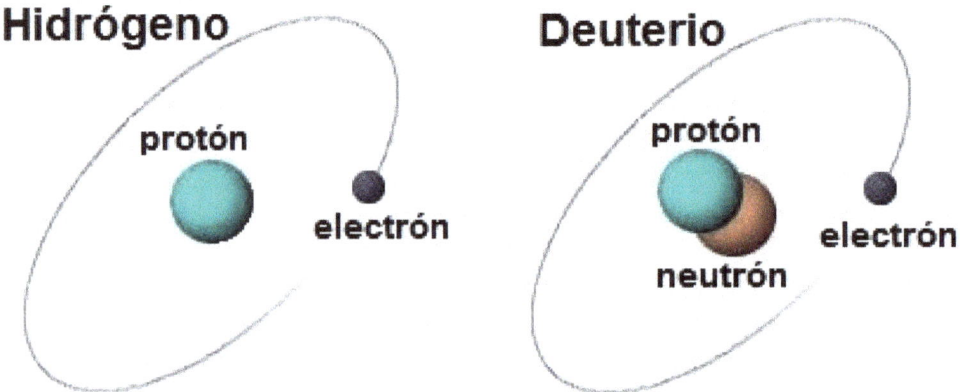

Figura 5

Una domanda può sorgere spontanea: «Ma chi te l'ha detto che le cose stanno così?»

Numerosi esperimenti di laboratorio hanno confermato che se in un atomo di deuterio il protone fosse o solo il "maschio" o solo la "femmina" allora il legame che si stabilisce tra loro non sarebbe abbastanza forte da tenerli assieme. Solo quando c'è una sovrapposizione degli stati "maschio" - "femmina" simultaneamente e irriconoscibili all'istante che la "coppia" funziona e la forza che li unisce è davvero potente.

Quindi se le particelle che formano i nuclei atomici non potessero unirsi in un "amplesso quantistico", il nostro Universo sarebbe rimasto una brodaglia di solo idrogeno ed io non avrei scritto neanche un rigo di questo testo.

La risonanza magnetica (RM) è una tecnica medica che genera delle immagini meravigliosamente particolareggiate dei tessuti molli. Si usa per diagnosticare patologie rilevanti come tumori degli organi interni. Queste macchine adoperate per la risonanza magnetica usano dei potenti magneti per allineare gli assi di spin (rotazione) dei nuclei di idrogeno nel corpo del paziente. Questi atomi poi vengono colpiti da impulsi di onde radio che forzano i nuclei in sovrapposizione quantistica dei due stati di spin: ovvero la rotazione delle particelle è simultaneamente levogira e destrogira.

Non fatevi prendere da svenimenti. Limitiamo solo a comprendere che quando i nuclei atomici tornano allo stato iniziale, ovvero quello a cui si trovavano prima di ricevere l'impulso dalle onde radio che li ha forzati in sovrapposizione quantistica, questo tornare alle origini è seguito da un rilascio di energia che, captata dal rilevatore della macchina, viene adoperata per creare delle immagini incredibilmente dettagliate degli organi umani sottoposti a controllo.

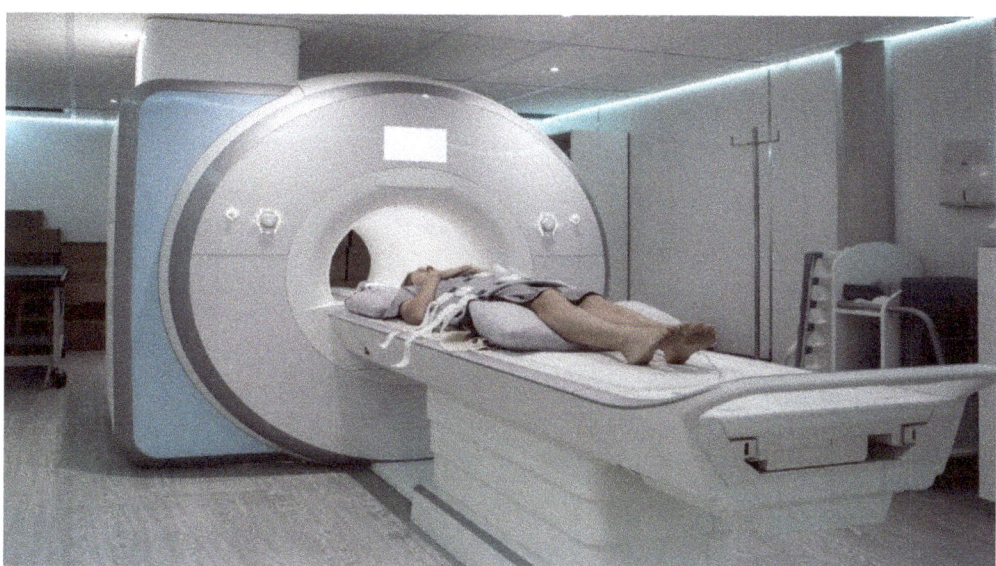

Figura 6 - Risonanza Magnetica

Quindi, chiunque abbia fatto l'esperienza di sottoporsi a risonanza magnetica si è imbattuto inconsapevolmente nell'esperienza della sovrapposizione quantistica.

La correlazione quantistica

La "correlazione" è sicuramente la caratteristica più bizzarra della meccanica quantistica. Si può enunciare semplicemente dicendo che due particelle che sono state vicine restano in "comunicazione" per sempre, magicamente, anche se in seguito si allontanano, indipendentemente dalla distanza.

Più correttamente, due particelle lontane in correlazione si dicono anche «collegate non localmente» perché hanno in comune lo stesso stato quantistico.

Questa "stravaganza" fu il risultato naturale di equazioni matematiche e inizialmente fu pensata come "azione misteriosa a distanza".

Einstein mostrò subito che la correlazione "violava" la teoria della relatività in quanto la subitaneità non esiste: nessun segnale più viaggiare a velocità maggiore di quella della luce. Le prove sperimentali tuttavia mostrano il contrario. Un esempio fu il risultato dell'esperimento del fisico francese A. Aspect, nel 1982: una coppia di fotoni in stati di polarizzazione correlati.

Per comprendere questo fenomeno si fa ricorso ad un concetto a noi molto familiare: la polarizzazione della luce attraverso gli occhiali da sole. I fotoni di luce hanno diverse direzioni di polarizzazione che gli occhiali filtrano lasciando passare solo quelli che hanno un dato angolo. Nell'esperimento di Aspect furono generati due fotoni in correlazione quantistica, ovvero una coppia di fotoni con direzioni di polarizzazione diversa che però potevano essere decise solo dopo la loro misura. Nel mondo submicroscopico le particelle possono fare cose davvero stranissime, tipo: essere in due situazioni diverse nello stesso tempo o passare attraverso ostacoli, finché nessuno le guarda. Una volta osservate (o misurate) esse perdono le loro stranezze e si comportano come gli oggetti del nostro mondo macroscopico. Per tornare ai fotoni, solo dopo la misura essi assumono lo stesso angolo di polarizzazione dimenticando le loro proprietà quantistiche.

Quando Aspect misurò la polarizzazione di uno dei due fotoni in correlazione quantistica, l'altro fotone "immediatamente" mostrò anch'esso la stessa direzione di polarizzazione. In altri termini fu verificata l'istantaneità con cui i due fotoni allinearono tra loro gli angoli di polarizzazione. Dal 1982 in poi l'esperimento è stato ripetuto anche su particelle separate da decine di chilometri.

Cos'è la biologia quantistica?

Ci si pone la seguente domanda: in talune manifestazioni del mondo submicroscopico si può parlare di biologia quantistica?

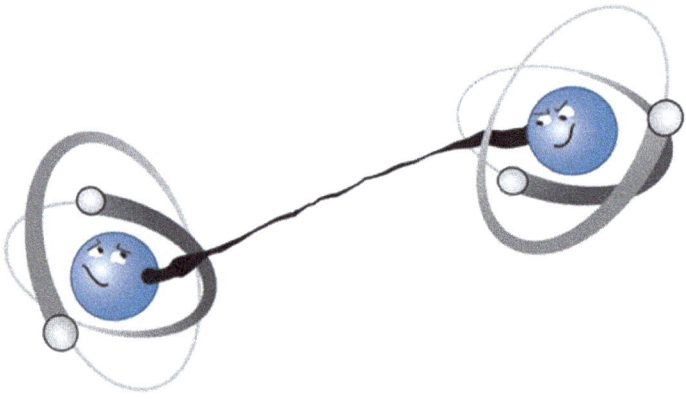

Figura 7 - Biomolecole in correlazione

Le biomolecole, come il DNA o gli enzimi, sono costituite da particelle submicroscopiche le cui interazioni sono governate dalla meccanica quantistica. I nostri comportamenti, il modo di parlare o di pensare, in qualche modo dipende dalle forze quantomeccaniche che determinano il funzionamento degli atomi.

Le molecole tendono a disporsi in modo casuale e gli atomi vibrano continuamente a causa del calore. Ma nel nostro mondo macroscopico gli effetti quantistici non sono rilevabili per il dissolversi delle proprietà ondulatorie delle particelle stesse. Tuttavia, esistono degli esempi di fenomeni quantistici che si riferiscono al modo con cui le piante catturano la luce solare e la utilizzano per la fotosintesi.

Dualismo Onda-Particella

Il concetto di particella è facile da afferrare. Possiamo immaginare una comune pallina di vetro e rimpicciolirla fino a farle assumere le dimensioni di una particella elementare, ovvero qualche miliardesimo di millimetro.

Nella nostra fantasia subito prende corpo l'immagine di un grumo di materia sferico, infinitamente piccolo. Immaginiamo anche che la particella possieda una massa e che la si possa localizzare in un punto dello spazio definito oppure che possa muoversi da un luogo ad un altro a velocità misurabile.

Sappiamo anche che occorre energia per metterla in moto oppure che occorre energia per rallentarla o fermarla. Immaginare una particella priva di massa (fotone, neutrino) che saetta sempre alla velocità della luce è un tantino più difficoltoso.

Il concetto di onda è un poco più nebuloso ma ci è ugualmente familiare. Tutti abbiamo chiara l'idea delle onde marine o abbiamo sentito parlare delle onde sonore (suoni).

Nel mondo submicroscopico, onde e particelle ci appaiono intimamente collegate. Ovvero, sono aspetti differenti della stessa cosa. Questo concetto divenne concretamente chiaro nei lavori dei fisici De Broglie e Schrödinger sulla meccanica quantistica. Il risultato ci consente di comprendere ciò che dà agli atomi le loro dimensioni, chiarisce la funzione della probabilità nella natura e complica lo sforzo degli addetti ai lavori di studiare l'interno dei quark.

Figura 8 - La matematica della teoria

Inizialmente sembrava che le quantità adoperate per definire un'onda (ampiezza, lunghezza e frequenza) potessero non aver senso per le particelle.

Nel caso di un'onda, l'ampiezza coincide con l'altezza della cresta (o della valle) rispetto al livello medio dell'acqua; la lunghezza d'onda è la distanza fra due creste (o due valli) successive e la frequenza è il numero di onde che passa per un dato punto in un secondo.

Un corpuscolo in moto è caratterizzato da una massa (quantità di materia contenuta in quel grumo) e da un "quanto" di moto dovuto alla velocità con cui si muove la particella.

C'è un'altra differenza: la velocità con cui si sposta un'onda ha poco a che fare con la sua lunghezza o con la sua ampiezza. Le particelle invece possono essere più o meno veloci a seconda dell'energia che posseggono.

Ciò che accomuna un'onda ad una particella, come punto di somiglianza, è che entrambe possono svolgere gli stessi compiti: trasportare energia da un punto all'altro, ricevere o cedere energia, trasmettere o assorbire energia da qualcos'altro.

A nessun fisico verrebbe comunque in mente di dire che una particella è un'onda. Si preferisce esprimere il concetto di "somiglianza" dicendo che le onde hanno proprietà corpuscolari e che le particelle posseggono proprietà ondulatorie. I due concetti sono intimamente connessi.

La meccanica quantistica ha fatto di più. Le particelle veloci, quelle che viaggiano fino al 99% della velocità della luce, non sono localizzabili esattamente come non lo sono le onde.

Il fisico Werner K. Eisenberg, in un articolo del 1942, scrisse:

«Nell'ambito della realtà le cui condizioni sono formulate dalla teoria quantistica, le leggi naturali non conducono quindi a una completa determinazione di ciò che accade nello spazio e nel tempo; l'accadere (all'interno delle frequenze determinate per mezzo delle connessioni) è piuttosto rimesso al gioco del caso».

Il principio di indeterminazione, formulato dallo stesso Eisenberg nel 1927, sancisce una radicale separazione tra la fisica classica e la meccanica quantistica: la posizione di una particella "veloce" non può essere specificata esattamente. Essa perde la sua distinzione, diventa diffusa e indefinita come un'onda. Quando più grande è il corpuscolo tanto meno importante diventa l'indeterminazione della posizione, sicché, nel mondo dei nostri sensi, tutti i corpi ci sembrano esattamente localizzati e posseggono contorni definiti e netti. Il fatto che l'atomo di idrogeno sia centomila volte più esteso del nucleo accade solamente perché l'elettrone, molto più leggero, non può essere localizzato e richiede di muoversi in tutto lo spazio che il suo orbitale consente.

L'equazione che caratterizza la natura "ondosa" di una particella venne postulata per la prima volta nel 1924 dal fisico De Broglie e venne subito inclusa nella teoria completa della meccanica quantistica.

Nota: Il fatto che il fotone (quanto di luce) fosse in qualche modo considerato sia onda (radiazione elettromagnetica) che particella era già noto dal 1925. De Broglie fu il primo a suggerire però che ogni particella può possedere la natura ondulatoria.

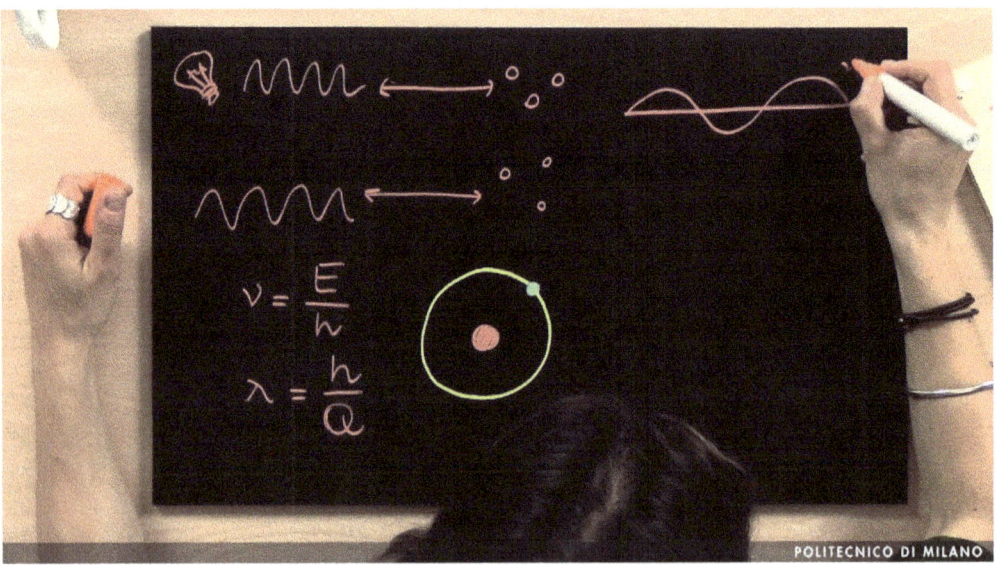

Figura 9

MECCANICA CLASSICA E MECCANICA QUANTISTICA

La meccanica classica coincide sostanzialmente con la meccanica newtoniana. Questa teoria, che oggi definiamo "classica", regola le leggi fisiche del nostro mondo macroscopico e non quelle del mondo submicroscopico.

Viceversa, la meccanica quantistica descrive meravigliosamente bene l'infinitamente piccolo e finisce per coincidere con la meccanica classica quando la applichiamo al nostro mondo reale.

Vediamo di cogliere qualche differenza tra la fisica classica e la fisica dei quanti, in modo semplice ed elementare, rinunciando, per quel che si può, all'eleganza del linguaggio matematico che descrive entrambe le teorie.

Una duna di sabbia, com'è intuitivo, ci appare un oggetto continuo fatto di una miriade di miriade di granelli. Se raccogliamo con la mano un pugno di sabbia ci rendiamo immediatamente conto che abbiamo a che fare con una struttura "granulosa" e non continua di materia.

Possiamo contare i singoli granelli:

$$1, 2, 3, .., i, .., n, ..$$

disposti uno di seguito all'altro. Se il loro numero "n" cresce indefinitamente perdiamo la sensazione di avere a che fare con singoli elementi e ai nostri sensi si presenta l'idea di "duna".

Nell'ambito delle particelle elementari cariche elettricamente, la carica è quantizzata.

La carica elettrica posseduta dall'elettrone è unitaria ed indivisibile, nel senso che non esistono frazioni di carica elettrica. Non esiste, ad esempio, $1/15$ di e^-.

Accade come coi granelli di sabbia. Se il numero "n" di cariche elementari (non frazionabili) cresce indefinitamente perdiamo la sensazione di avere a che fare con cariche singole e ai nostri sensi si presenta l'idea di "corrente elettrica" intesa come flusso continuo di elettricità.

Tuttavia, la natura del mondo submicroscopico condiziona in modo irreversibile il nostro "universo" dei sensi. Se vi capita di leggere qualche articolo di meccanica quantistica, inevitabilmente vi salta all'occhio che si fa riferimento alla costante di Planck: h.

Ci sono intere biblioteche di libri che introducono alla comprensione della costante di Planck. Mi piace "tentare" di fornire un'idea della natura di questa costante e di farne cogliere il senso.

Pensiamo ad una persona confinata in un ambito veramente ristretto come ad un minuscolo corridoio, stretto al punto tale da consentire di avanzare solo avanti ed indietro. Se si rappresenta in un grafico semplice (in meccanica analitica si chiama spazio delle fasi) la velocità con cui quella persona si muove in funzione della sua posizione si finisce per costruire un rettangolo.

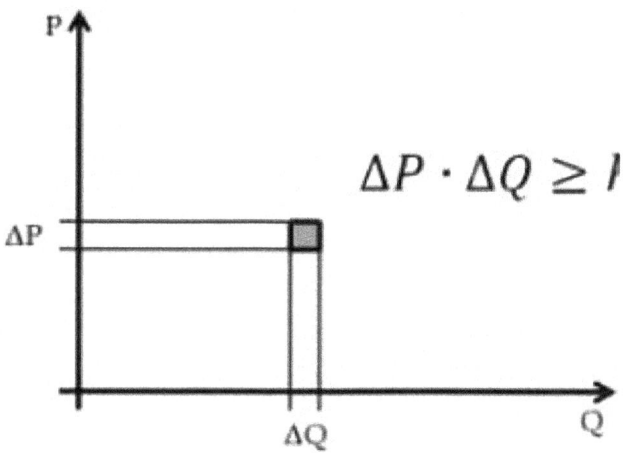

Figura 10

L'area del rettangolo viene chiamata "azione". Essa ha le "dimensioni" dell'energia moltiplicato per il tempo.

Anche la costante di Planck:

$$h = 4{,}14 * 10^{-15} \text{ [eV*sec]}$$

ha le stesse caratteristiche.

Strano vero?

La costante di Planck va pensata dunque come "azione" ovvero come il "quanto elementare di azione" e rappresenta proprio l'aureola: $\Delta p * \Delta x$.

Trattandosi dell'area di un rettangolo, se rimpiccioliscо Δx devo ingrandire Δp per mantenere la stessa area, visto che si tratta dell'area più piccola che la natura consente di calcolare. Da qui diventa immediatamente chiaro il principio di indeterminazione di Eisenberg: $\Delta p * \Delta x \geq h$.

Figura 11 - Eisenberg illustra il principio di indeterminazione

La quantità di moto di una particella è sempre indicata con $p = mv$ e la posizione della particella è sempre indicata con x. Il simbolo Δ assume il significato di "incertezza". Dunque, Δx è l'incertezza della posizione, Δp è l'incertezza della quantità di moto posseduta dalla particella. Il prodotto di queste due incertezze non può essere più piccolo del quanto elementare d'azione.

Dovremmo chiederci, a questo punto, perché la natura ha predisposto così le cose? Come mai la carica elettrica di un elettrone non può essere più piccola di 1? Come mai l'area più piccola non può essere più piccola della costante di Planck? Perché nessun corpuscolo può viaggiare ad una velocità più grande della velocità della luce?

Una persona che cammini a 5 Km/h è un oggetto corpuscolare che possiede una lunghezza d'onda di

10^{-34} millimetri (uno diviso 10 seguito da 33 zeri). Non riusciamo neanche a capire il senso di cosa possa significare una distanza così infinitesima se confrontata con la nostra dimensione umana: il metro.

Viceversa. Un elettrone che viaggia alla velocità di circa 3 milioni di metri al secondo nell'ambito dell'atomo di idrogeno ad esso è associata una lunghezza d'onda di 2 milionesimi di metro, quasi quanto il diametro dello stesso atomo.

Imparare un'equazione è cosa ben diversa dall'apprezzarla e comprenderla. Solo il confronto aiuta a "intuire" il significato di una formula.

Un extraterrestre che fosse grande come una galassia non riuscirebbe neanche a concepire la lunghezza di 1 metro, ovvero non riuscirebbe a rendersi conto della nostra condizione umana. Per la Via Lattea, noi, esseri umani, abbiamo una dimensione spaziale inimmaginabile ed un'esistenza effimera.

LA FUNZIONE D'ONDA

La natura ondulatoria delle particelle è intimamente connessa al concetto di probabilità.

Nell'atomo di idrogeno, l'elettrone non è localizzabile in quando ad esso è associata un'onda di probabilità di immaginarlo in una certa regione dello spazio. Se volessimo ad ogni costo scovarlo dovremmo lanciare un positrone (antiparticella dell'elettrone) ad alta energia contro l'atomo di idrogeno perché esso intercetti l'elettrone; se ciò accade, entrambi svaniscono e compaiono due fotoni. Questi due fotoni possono, in linea di principio, essere studiati al fine di scoprire il luogo dove si trovava l'elettrone al momento della sua annichilazione.

Prima dell'annichilazione, l'elettrone deve essere interpretato come un'onda di probabilità.

Laddove l'onda ha maggiore ampiezza c'è buona possibilità di trovare l'elettrone. Ciò significa che per ogni particella l'indeterminazione dovuta alla sua natura ondulatoria è collegata ad una distribuzione di probabilità.

La funzione d'onda è perciò estesa a tutto lo spazio. Ciò significa che nel descrivere un elettrone il meglio che si può fare è ricavare un certo insieme di numeri che rappresentino le probabilità di trovarlo in un dato punto in un certo istante. Queste "probabilità" non rappresentano un "deficit" di conoscenza ma sono solo una caratteristica fondamentale del mondo su scala submicroscopica.

Per comprendere l'essenza della funzione d'onda associata ad una particella si ricorre alla metafora del ladro di appartamento. Studiando lo stradario della città, gli inquirenti iniziano ad individuare i quartieri che hanno appartamenti "papabili" per ricevere la visita del ladro. Ovvero si comincia ad assegnare una certa "probabilità" al fatto che avviene una rapina in dati quartieri della città. Questa ondata di rapine commesse da un solo ladro si può considerare come un'onda di probabilità estesa a tutta la città. Ma se la polizia riceve una "soffiata" e riesce a prendere il ladro in flagranza di reato, la distribuzione di probabilità che descrive la posizione del ladro collassa: ovvero, egli è in quella posizione e da nessun'altra parte.

Senza la potenza della meccanica quantistica, e il suo successo nella spiegazione di come tutto il mondo atomico stia insieme, la gran parte dell'odierna tecnologia elettronica non sarebbe esistita.

Alla funzione d'onda $\psi(x,t)$ non si può dare quindi un'interpretazione classica: nulla ondeggia.

Figura 12 - Rappresentazione matematica della funzione d'onda - Erwin Schrödinger

Tale funzione, perciò, non assume alcun significato fisico. Rappresenta solo un "oggetto" matematico che assume un comportamento simile alle onde senza essere un'onda. La sua ampiezza non può essere misurata direttamente mentre la sua "intensità" è proporzionale al quadrato del valore assoluto che tale funzione assume in un punto. Perciò il significato fisico della funzione d'onda quantomeccanica appare solo nella forma: $|\psi(x,t)|^2$.

LA MATERIA ADRONICA

Nel corso degli anni di studi al liceo è capitato a chiunque di imbattersi nella "tabella" periodica degli elementi: la tabella ideata dal chimico russo Dimitrij Ivanovič Mendeleev. La "tavola" contava in principio numerosi "spazi" vuoti, previsti per gli elementi che sarebbero stati scoperti in seguito alla sua iniziale versione.

Non voglio tediarvi però con qualcosa che è stata oggetto di studio, probabilmente noioso. Tuttavia, per comprendere alcune ragioni della meccanica quantistica, bisogna prima o poi far riferimento a questo "gioiello" di intuizione scientifica.

Quando si svilupparono le teorie della struttura atomica della materia, ci si accorse che Mendeleev aveva, senza volerlo, ordinato gli elementi in ordine di numero atomico crescente.

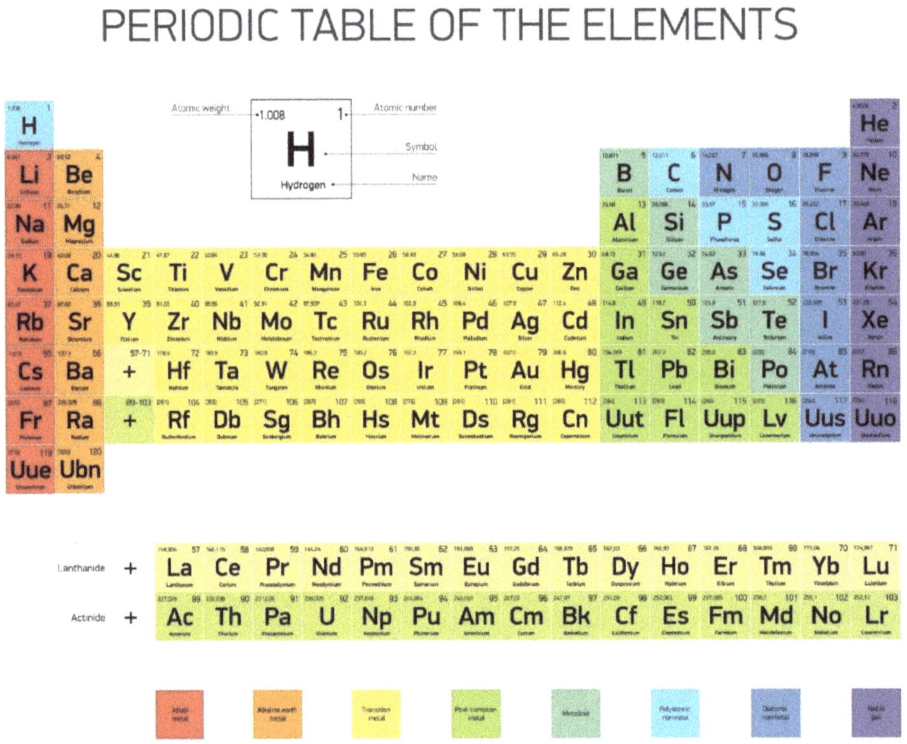

PERIODIC TABLE OF THE ELEMENTS

Figura 13 - Tavola periodica degli elementi

L'importanza dei numeri atomici nell'organizzazione della tavola periodica non fu apprezzata finché non si scoprì l'esistenza dei protoni e dei neutroni.

Le tavole periodiche di Mendeleev usarono inizialmente la massa atomica invece del numero atomico (numero degli elettroni) per organizzare gli elementi.

La sostituzione con i numeri atomici fornì la sequenza definitiva, basata su numeri interi per ordinare gli elementi. La "tavola" è in continuo aggiornamento e nuovi elementi (ad esempio, il tecnezio e il plutonio), che sono presenti in minime quantità nelle miniere di uranio, nelle Stelle giganti rosse e nei resti di Supernove, sono inseriti negli spazi che erano stati lasciati volutamente vuoti.

Osservando la tavola, si nota come gli elementi all'inizio di ciascuno strato (gli elementi del primo gruppo) hanno un solo elettrone di valenza; gli elementi del secondo gruppo hanno due elettroni di valenza e così di seguito. Il significato di questa struttura elettronica a strati e il significato dei numeri di chiusura degli strati: 2, 10, 18, 36, 54, e 86 restò misterioso fino all'enunciazione del principio di esclusione formulato dal fisico W. Pauli.

La chiusura di ciascuno strato non può contenere un numero arbitrario di elettroni perché in ciascun atomo due elettroni non possono avere lo stesso insieme di numeri quantici.

In altri termini, se un elettrone si trova in un certo stato quantico, definito dai numeri n, l, m_l e m_s, allora gli altri elettroni presenti in quello stesso atomo sono esclusi da quel particolare stato quantico.

E allora cos'è la materia adronica?

Gli adroni sono dunque quelle particelle del mondo submicroscopico (protoni, neutroni) che sono soggetti all'*interazione forte* e sono fatti di *quark e gluoni*.

L' LHC (Large Hadron Collider) è l'acceleratore di particelle del CERN che utilizza gli adroni (protoni, neutroni e ioni pesanti) per le collisioni all'interno del tunnel dove tali particelle sono accelerate fino al 99,9% della velocità della luce per farle scontrare in punti precisi del percorso (ATLAS, CMS, LHCb e ALICE) dove si registrano livelli di energia inimmaginabili: circa 14 TeV (Tera electron Volt).

Figura 14 -Esperimento ATLAS al CERN

Figura 15 - Esperimento CMS al CERN

L'interazione forte è una delle quattro forze fondamentali della natura descritta dalla teoria quantistica dei campi. Da essa dipende il confinamento dei quark all'interno degli adroni e rende conto dell'energia di legame che tiene uniti i nuclei degli atomi.

Gli elettroni sono soggetti all'interazione debole e perciò fanno parte di un'altra famiglia di particelle: i leptoni, che sono più "leggeri" degli adroni e non sono fatti di quark.

Su scala submicroscopica, la teoria che rende conto delle interazioni tra particelle è chiamata Modello Standard. Tale teoria non tiene però conto delle interazioni gravitazionali, che interessano invece grandi aggregati di materia come le Stelle, i pianeti e le Galassie, perché sono ritenute inessenziali nell'interazione tra particelle.

OGGETTI ED EVENTI DEL MONDO SUBMICROSCOPICO

Cose ed eventi.

Ciò che è e ciò che accade. Così si esprimerebbe il filosofo.

Il fisico, diversamente, deve misurarsi con l'evoluzione nella rappresentazione delle "cose" fondamentali dell'Universo e sviluppare i modelli matematici del comportamento di tali "cose".

Succede spesso che la comprensione degli "eventi" si trovi un passo avanti alla comprensione delle "cause" che hanno generato gli eventi. La corretta previsione di ciò che accade nel mondo della materia è venuta prima della comprensione di come sono fatti i costituenti elementari dei vari materiali.

Molti fisici, oggi, ritengono che gran parte della conoscenza del mondo submicroscopico sia essenzialmente dovuta alla formulazione delle leggi di conservazione. Queste leggi di "costanza" nel corso di un qualsivoglia mutamento occupano un posto "centrale" nello scenario in cui si svolge la "commedia" del mondo invisibile.

Le leggi di conservazione hanno un notevole pregio. Sono le più semplici di tutte le leggi che regolano gli accadimenti del mondo. Tuttavia, la Natura non finisce mai di sorprenderci. Altre leggi di conservazione, nuove ed inattese, possono contribuire a spiegare gli eventi del mondo dell'infinitamente piccolo.

Può darsi, ma non è certo, che si stia toccando un alto livello di comprensione tra ciò che è e ciò che accade. I "mattoni" di cui è fatto l'enorme edificio dell'Universo e il modo come questi siano stati costruiti sembrano idee indistinguibili.

Quali sono dunque i fatti preliminari che danno delle informazioni certe sulla possibilità di fusione tra oggetti ed eventi?

Partiamo da un esempio concreto: la legge di conservazione della carica elettrica. Su di essa basa la stabilità dell'elettrone quale corpuscolo duraturo nella costruzione di ogni pezzo del nostro Universo. Questa particella, come tante altre, non è pensabile soltanto come un grumo di materia ma come un insieme di campi quantistici interagenti. Per questo motivo, lo "essere" e il "divenire" sono idee indistinguibili.

Esiste l'essere perché esiste il divenire.

Una delle idee "speculative" è stata, e forse lo è ancora, la "geometrizzazione" della fisica; ovvero, l'idea che spazio e tempo siano insieme "attori" e "scena" nel teatro della Natura.

Per non restare nel vago, preme distinguere le differenze tra "leggi di conservazione" e i "principi di invarianza". Un principio d'invarianza nasce dall'osservazione che la Natura ha delle "regole" che restano inalterate quando si produce un cambiamento, reale o virtuale, in un fatto sperimentale. La carica di un elettrone è la stessa sia in atomo del nostro corpo sia in un atomo di idrogeno che sta "bruciando" nel nostro Sole.

Non deve apparirci stana l'affermazione secondo la quale se in un qualsiasi laboratorio cosmico si sperimentasse lo scambio di tutte le particelle con le loro antiparticelle (materia e antimateria) le leggi di conservazione sono "conservate" anche nell'*anti-esperimento*. Una legge di conservazione è quindi l'affermazione secondo cui una certa entità fisica resta inalterata nel corso di un processo fisico reale. Il fatto che l'energia totale dopo un urto sia uguale all'energia totale prima dell'urto rappresenta una legge di conservazione.

In sintesi: i principi di invarianza suggeriscono l'idea che le leggi della Natura restano immutate in un cambiamento di situazione mentre i principi di conservazione mostrano come resti immutata una certa entità fisica in un dato cambiamento fisico reale, ad esempio l'energia.

Ciò che si vuol mettere in evidenza è la differenza tra ciò che è generale e ciò che è particolare.

Detto con parole diverse. Principio di invarianza: tutte le leggi della Natura restano immutate per un particolare mutamento di condizioni. Principio di conservazione: un'entità fisica resta immutata in ogni processo fisico possibile.

La connessione tra principi di invarianza e principi di conservazione sembra "miracolosa".

Che una legge universale, come quella della conservazione dell'energia, possa basarsi su un principio di invarianza per spostamenti nel tempo mostra l'estrema potenza della teoria quantistica.

Una legge naturale è la stessa sia all'inizio del tempo che alla fine di esso.

INVERSIONE DEL TEMPO

Supponiamo che un regista abbia filmato, istante per istante, la nostra vita dal momento in cui essa prende forma alla fine del nostro tempo e decidesse di proiettarlo al contrario: dal momento del "trapasso" al momento del "concepimento". Chiunque saprebbe benissimo decidere che quel film "gira" al contrario. Supponiamo però che ci sia qualcuno tra il pubblico che sia "dubbioso" e sostenga credibile scambiare gli eventi: "trapasso" - "concepimento".

C'è molta fantasia, ammettiamolo, ma è davvero possibile?

Il principio di invarianza per inversione del tempo può essere enunciato semplicemente in termini dell'ipotetico film. Se la versione filmata di un qualsiasi processo fisico, o sequenza di eventi, si svolge nell'ordine opposto, è anch'esso una sequenza di eventi fisicamente possibile. Ciò conduce all'osservazione piuttosto stravagante che osservando un film di eventi naturali non si può decidere a priori se questo scorre in avanti oppure all'indietro.

Chi potrebbe sostenere che l'invarianza per inversione del tempo non sia una legge della natura valida nel mondo submicroscopico?

Per verificare come l'invarianza per inversione del tempo sia qualcosa più di un gioco di improbabilità, bisogna ricondursi ad una metafora.

Supponiamo che un viaggiatore spaziale diretto verso la Galassia di Andromeda giri un film mentre si allontana dal nostro sistema solare e che voglia mostrarlo ai suoi amici alieni. Se il film ha inizio quando il mezzo spaziale è distante alcune centinaia di miliardi di chilometri nella direzione della stella polare, si vedrebbero i pianeti del sistema solare come piccoli puntini che descrivono le loro orbite ellittiche in senso antiorario, attorno al Sole. Le creature aliene, essendo molto erudite nelle leggi della meccanica celeste, assisterebbero al film con molto interesse e concluderebbero che non ci sono stati trucchi cinematografici e che il film rappresenti veramente una catena reale di eventi. Ma se il film fosse volutamente girato al contrario, essi sarebbero ugualmente convinti. La visione invertita dei moti planetari, anche se "falsa", dato che i nostri pianeti non si muovono in quel modo, è nonostante tutto possibile, dato che il moto è compatibile con le stesse leggi della meccanica celeste.

E allora quale è il vero significato dell'invarianza per inversione del tempo?

In seguito ad una ipotetica inversione della freccia del tempo, tutte le leggi della Natura restano inalterate. Ciò è l'espressione del principio che sottolinea l'*invarianza*.

Per sottolineare il "vincolo" imposto dalla legge fisica dobbiamo esprimerci in modo differente. Possono accadere solo quelle cose che hanno probabilità di accadimento anche nell'ordine opposto. Oppure, se un processo invertito nel tempo è impossibile lo è anche il processo che segue la freccia del tempo.

L'invarianza per inversione del tempo trova la sua più semplice applicazione nell'ambito del mondo submicroscopico dove agisce l'interazione forte e quella elettromagnetica.

Infatti, un processo di annichilazione elettrone-positrone, invertito nel tempo, dà luogo anch'esso alla creazione di una coppia elettrone-positrone in seguito all'urto di due fotoni. In base all'invarianza per inversione del tempo, questo processo non solo è possibile, ma può anche accadere in qualsiasi luogo dove due fotoni collidono. Questo processo è noto come "creazione di coppie" ossia il processo opposto a quello di annichilazione di una coppia elettrone-positrone.

La funzione della probabilità negli eventi invertiti nel tempo, così grossolanamente ovvia nel caso di una persona che inizi a vivere dall'istante del trapasso, si fa sentire prepotentemente nel mondo delle particelle submicroscopiche.

Due protoni fatti collidere nell'LHC producono un protone, un neutrone e un pione positivo. Il processo invertito nel tempo richiede che ci sia un urto simultaneo di quelle tre particelle, che è un evento non del tutto improbabile.

Nel mondo submicroscopico le leggi della Natura sono completamente simmetriche rispetto alle due direzioni del tempo mentre nel nostro mondo macroscopico la direzione del tempo è unica e viaggia in verso solo; da qui il termine "Universo".

L'unica ragione per cui la persona umana è conscia del passato e non del futuro è che la sua struttura è molto complessa sebbene altamente organizzata.

Figura 16

Nel mondo submicroscopico un elettrone, essendo completamente identico ad ogni altro elettrone, non porta su di sé alcun segno del suo passato né del suo futuro.

L'uomo è un "universo" tale da essere segnato dal proprio passato ma ha una tale complessità che gli fornisce una memoria da avvolgere nel mistero il suo futuro.

LA PARITA' (PRINCIPIO DI INVERSIONE SPAZIALE)

Il principio di inversione spaziale, o principio di parità, afferma che esiste una simmetria fra il mondo e la sua immagine speculare. Mi esprimo con parole simili a quelle adoperate a proposito dell'invarianza per inversione del tempo: l'immagine speculare di qualsiasi processo fisico corrisponde ad un processo fisico possibile che è governato dalle stesse leggi del processo originario.

Per comprendere la parità di un processo fisico, diciamo che non c'è nulla di strano nell'immagine speculare della maggior parte delle cose e degli eventi. La nostra immagine restituita da uno specchio non è "reale" ma ci appare del tutto ragionevole e possibile.

Figura 17 - Immagini speculari

Ma siamo disposti a credere che noi abbiamo proprio quell'aspetto?

L'immagine speculare di una pagina di un quotidiano ci appare decisamente sbagliata. Infatti, essa si mostra decisamente differente dall'immagine diretta ma questo non ci fa impressione. Un tipografo potrebbe disegnare un tipo di caratteri rovesciati e comporre quella pagina di giornale la cui immagine speculare ci restituisce la scrittura comprensibile. Lo stesso Leonardo da Vinci adoperava questa simmetria. Aveva imparato a "scrivere alla rovescia", con il risultato che lo scritto gli appariva normale solo quando lo guardava allo specchio.

La situazione nel caso dell'immagine speculare invertita nello spazio del mondo reale differisce completamente da quella relativa all'immagine invertita nel tempo. Quest'ultima ci appare ridicola ed impossibile e ci porta a resistere all'idea di invarianza per inversione temporale.

Un proiettore di diapositive è lo strumento migliore per illustrare l'idea di conservazione della parità. Se su uno schermo viene mostrato un paesaggio che non ci è noto non possiamo decidere che la diapositiva è stata messa all'incontrario perché ci appare del tutto naturale vederla in quel modo. Naturalmente da un'analisi più approfondita potremmo cogliere qualche elemento di dubbio. Se in quel paesaggio proiettato al contrario sarà ben visibile un'automobile, ci sembrerà molto dubbio che quella stessa automobile abbia il volante a destra come le auto inglesi mentre è ben visibile la targa italiana. Tuttavia, anche in questo caso, non c'è nulla nell'immagine invertita che violi il buon senso o che ci appaia impossibile.

Il fatto che tutte le leggi della Natura che governano il mondo macroscopico obbediscano al principio di invarianza per inversione spaziale.

Il nucleo radioattivo del cobalto 60, lo stesso nucleo che rappresenta una grave minaccia per la vita umana in caso di un disastro nucleare, ebbe la responsabilità di mostrare la violazione della conservazione della parità nelle interazioni deboli.

Durante l'esperimento della fisica Chien-Shiung Wu, i nuclei di cobalto vennero orientati in modo che il loro moto di rotazione intrinseca, osservato dall'alto, risultasse antiorario (spin su). Per ottenere questa possibilità i nuclei di cobalto 60 vennero raffreddati a circa 1/100 di grado assoluto e le misure vennero effettuate durante i dieci minuti necessari perché la temperatura del materiale, ben isolato, risalisse ad un solo grado.

Si osservò che tutti quei nuclei, uno dopo l'altro, subivano l'esplosivo processo del decadimento beta, gli elettroni liberati sfuggivano quasi tutti verso il basso. Ora, l'immagine speculare di questo processo mostra che i nuclei di cobalto 60 che ruotano in senso opposto (spin giù) liberano elettroni che sfuggono ancora verso il basso.

L'immagine capovolta del processo di decadimento beta del cobalto 60 è davvero la rappresentazione di un processo fisico possibile. Tuttavia, esso non possiede l'invarianza per riflessione.

Per usare la consueta metafora: le parole proferite dalla bocca di una persona appesa con i piedi in alto sono esattamente le stesse, e di identico significato, di quelle proferite da una persona regolarmente in piedi.

Il fatto che un esperimento "capovolto" possa fornire gli stessi risultati di un esperimento non capovolto è "ovvio" solo nella misura in cui la nostra esperienza quotidiana ci condiziona nell'accettare le leggi naturali.

In tutto il mondo quantistico delle particelle, le interazioni forti e quelle elettromagnetiche possiedono l'invarianza per riflessione.

Se i nuclei di cobalto 60 subissero il decadimento gamma invece di quello beta, nelle due direzioni si avrebbe un numero uguale di fotoni. In tal caso, solo le interazioni elettromagnetiche sarebbero in azione, e non quelle deboli. L'invarianza speculare prevedrebbe un risultato simmetrico.

Ad esempio, il decadimento del pione neutro in due fotoni:

$$\pi^0 \rightarrow \gamma + \gamma$$

È il risultato combinato delle interazioni forte ed elettromagnetica. Supponiamo che in tale decadimento i fotoni emessi abbiano spin "su". L'immagine speculare di questo processo mostra l'emissione di fotoni con spin "giù". L'invarianza per riflessione esige che il decadimento di fotoni con spin "giù" sia anch'esso possibile. Se il decadimento del pione neutro in fotoni con lo spin "su" fosse quello preferito nel mondo reale allora i fotoni con spin "giù" sarebbero preferiti nel mondo speculare. E ciò costituirebbe una prova della violazione dell'invarianza per inversione spaziale. Invece, poiché il decadimento del pione neutro possiede l'invarianza speculare, i fotoni emessi possono avere sia spin "su" che spin "giù".

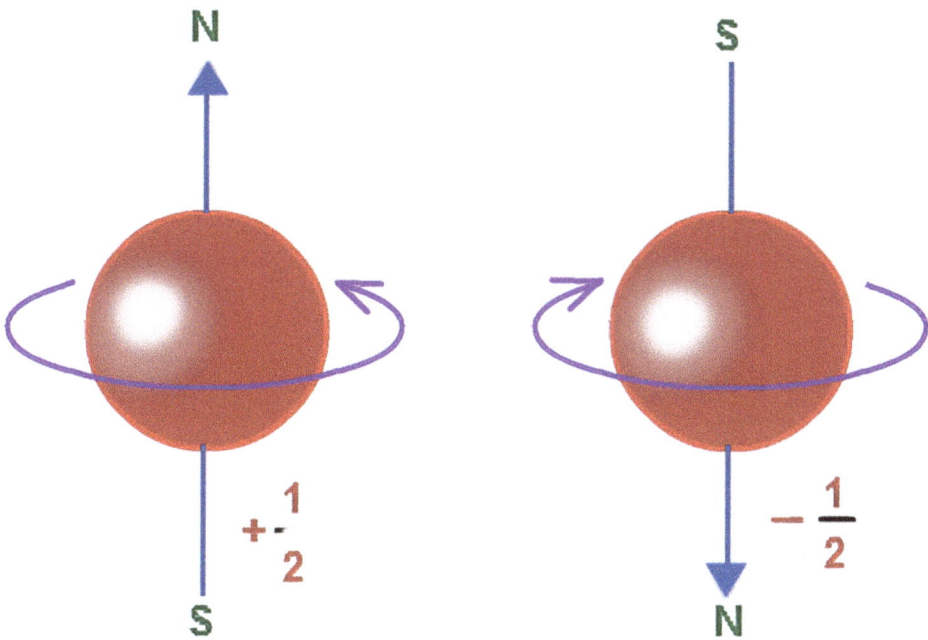

Figura 18

LA CONIUGAZIONE DI CARICA

Nel mondo submicroscopico, alle cui stranezze ci stiamo abituando, le particelle di antimateria (positrone, o antielettrone) possono essere descritte come particelle che si muovono a ritroso nel tempo.

Nelle interazioni forti ed elettromagnetiche, l'invarianza della carica C, l'invarianza per inversione spaziale P e l'invarianza per inversione del tempo T, sono leggi valide anche separatamente.

Le interazioni deboli violano sia l'invarianza C che l'invarianza P, ma sono soggette all'invarianza combinata CP, sebbene quest'ultima non sia una legge assoluta.

Allora cos'è il teorema *TCP*?

Tutte e tre le inversioni insieme scambiano tra loro la sinistra con la destra, particelle con antiparticelle, prima e dopo.

Il protone viene definito arbitrariamente come particella carica positivamente. Deduciamo che ogni altra particella respinta elettricamente da un protone ha anch'essa carica positiva mentre qualsiasi particella attratta da esso deve avere carica necessariamente negativa.

Se osserviamo un protone ed un elettrone allo "specchio" possiamo ancora verificare che essi si attraggono reciprocamente ma ci viene il dubbio che l'antiprotone abbia carica negativa e l'antielettrone abbia carica positiva. Lo specchio, in questo caso, compie per noi l'azione di coniugazione di carica oltre a quella di inversione spaziale. Ciò che vediamo in quello "specchio" rappresenta un processo fisicamente permesso sia per le particelle soggette all'interazione forte che debole.

Che dire! Se potessimo guardarci allo specchio nel mondo dell'infinitamente piccolo dovremmo concludere che l'immagine che osserviamo non è la nostra riflessa ma è quella dell'"anti-noi".

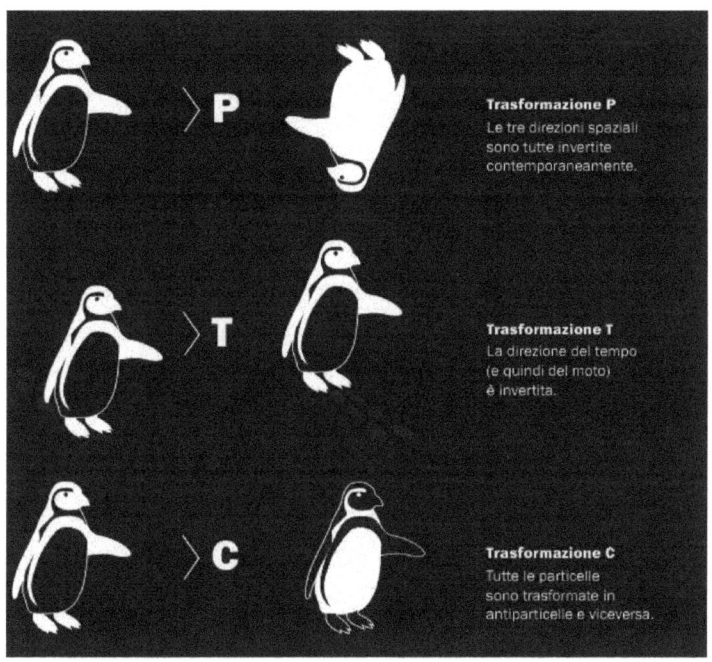

Figura 19 - Schema delle trasformazioni

C'è infatti una nuova proprietà della materia che è stata battezzata "stranezza". Si sa che se viene assegnata ad una particella un numero di stranezza allora la conservazione della stranezza nelle interazioni forti serve a spiegare un'ampia classe di fatti sperimentali e anche l'assenza di un certo numero di processi che avrebbero dovuto essere osservati.

Una proprietà della stranezza va sotto il nome di "spin isotopico". Si tratta di quel "qualcosa", di quel "fascino", che le particelle interagenti portano con sé, e l'ammontare di questo "qualcosa" resta invariato nel corso dei processi in cui sono coinvolte le interazioni forti. Questo "qualcosa" però non è solo un numero, ma ha una direzione ed anche un verso. A rendere ancora più misteriosa questa vicenda è il fatto che il vettore di spin isotopico non punta in alcuna direzione dello spazio ordinario, ma si trova in uno spazio interamente diverso, al di fuori della portata della percezione umana. A questo spazio è stato dato il nome di spazio dello spin isotopico. Viene spesso indicato col la lettera maiuscola latina "I".

A nessun fisico, dotato di audacia e di grande immaginazione, sarebbe venuto in mente di proporre un concetto simile se non fosse stato costretto a farlo a causa dell'evidenza sempre crescente dei dati sperimentali.

Il mondo che percepiamo quasi sempre si basa sul buon senso che la vista ci propone ma nel mondo dell'infinitamente piccolo bisogna farci l'abitudine all'"anti-buon senso" se vogliamo comprendere una certa classe di fenomeni sperimentali. Spesso la nuova rappresentazione si forma attraverso il linguaggio matematico che precorre i tempi della verifica sperimentale.

La teoria della meccanica quantistica formulata da Heisenberg, per esempio, fu un successo completo come descrizione matematica dei fenomeni atomici molto prima che ci si rendesse conto del suo pieno contenuto concettuale.

La rappresentazione rivoluzionaria del mondo portata dalla meccanica quantistica continua il proprio sviluppo con continuità man mano che si rivelano sempre più numerose le conseguenze matematiche della teoria.

Allo scopo di scoprire in che modo il concetto dell'invisibile, non direttamente osservabile, abbia fatto il suo ingresso in fisica con l'idea dello "spazio I" bisogna ricondursi agli anni in cui fu scoperto il neutrone, nel 1932. Il neutrone assomiglia in tutto e per tutto al protone, "abitano" nel nucleo atomico e si tengono incollati con una forza molto potente: l'interazione forte. Lo stesso Heisenberg restò molto impressionato da questa vicenda, puntò alle somiglianze tra le due particelle e poi riuscì a mostrare che neutrone e protone potevano essere considerati come due stati di una singola particella: il nucleone. Il suo artificio matematico, espresso in parole, sembrerebbe banale in confronto allo sforzo realmente compiuto. Esso esigeva l'inversione del nuovo spazio "I", nel quale il nucleone è un vettore che può puntare all'insù senza che il "sù" abbia nulla a che vedere con il "sù" che intendiamo noi e che riguarda lo spazio ordinario.

Se il nucleone ha spin isotopico che è diretto in "sù" noi lo vediamo come protone; se è diretto in "giù" allora lo vediamo come neutrone.

Se due o più nucleoni si trovano insieme nello stesso nucleo atomico, i loro vettori di spin possono essere addizionati e dare luogo ad uno spazio "I" totale che può essere diretto in "su" oppure in "giù" o in altra direzione.

Secondo la rappresentazione di Heisenberg, il nucleone è un "doppietto", cioè può esistere solo in due stati: come neutrone o come protone.

Una particella con ½ unità di spin, come l'elettrone, può esistere nello spazio ordinario sia con lo spin "sù" che con spin "giù". Ciò perché la meccanica quantistica richiede che valori adiacenti di spin debbano differire di un'intera unità.

Dovettero passare molti anni prima che si potesse decidere se lo spazio "I" immaginato da Heisenberg fosse una costruzione matematica fine a sé stessa o potesse avere un contenuto fisico concreto. Tutte le altre particelle che furono scoperte nel corso di quegli anni si manifestavano in gruppi omogenei, come nel caso del protone e del neutrone. Si scoprì poi che le interazioni forti obbediscono alla legge di conservazione dello spin isotopico. Da un punto di vista tecnico ciò significa che la probabilità di qualunque processo o l'intensità di qualunque interazione resta invariata se il vettore di spin isotopico viene ruotato nello spazio "I".

Per usare una metafora approssimativa del contenuto delle righe precedenti rifacciamoci alle caratteristiche "virile" o "femminile" delle persone. Queste caratteristiche distinguono l'essere "uomo" e l'essere "donna". Se volessimo abbandonare questa distinzione fra sessi dovremmo concepire un mondo "diverso", ad esempio quello dell'«essere persona» con un certo tipo di orientamento sessuale.

Allo stesso modo, se si abbandona l'idea di vedere le cariche elettriche solo come "positive" o "negative" allora nell'universo in cui domina l'interazione forte le stesse cariche possiamo vederle solo in bianco e nero; nel mondo in cui domina l'interazione elettromagnetica le varie cariche si presentano con diverse sfumature di colore.

Un fotone, ad esempio, può vedere i colori molto distintamente. Esso interagisce con le particelle cariche ma non con quelle neutre. Di conseguenza le interazioni elettromagnetiche violano la legge di conservazione dello spin isotopico.

Nel secolo diciassettesimo, l'uomo guardò in lungo e largo nell'Universo e si rassegnò all'umiltà. La Terra prese il suo posto modesto: un grumo di materia in un angolo del Cosmo.

In questo nostro secolo, del terzo millennio, abbiamo ancora seri motivi per essere ancora più umili. Stiamo esplorando l'Universo dell'infinitamente piccolo. In esso si trova un "caos" fatto di annichilazioni e creazione, uno sciame di granelli di materia che si comportano come la tenue sostanza delle onde.

Chi poteva attendersi di trovare leggi di incertezza? In quel mondo regna sovrana la probabilità. Al di sopra di essa stanno le leggi di conservazione che impongono il loro ordine all'energia indisciplinata dell'Universo rendendo possibili strutture meravigliosamente intricate ed incredibilmente organizzate del mondo stabile dei nostri sensi.

Molte risposte sono state attese per anni. La scoperta del bosone di Higgs ci sta rivelando i meccanismi attraverso cui le particelle hanno esattamente quella massa e perché altre non l'hanno affatto, come il fotone e il neutrino.

LE LEGGI DI CONCESSIONE

L'Universo che conosciamo non è statico. Esso è mutevole sia nella direzione dei grandi spazi cosmici che nella direzione dell'impercettibile mondo submicroscopico.

Tuttavia, in tutte le attività degli oggetti dell'Universo, la fisica ha individuato una dozzina di "entità" che restano costanti a fronte di mutamenti significativi. Esse sono: l'energia, l'impulso, il momento angolare, la carica elettrica, il numero di famiglia elettronico, il numero di famiglia muonico, il numero barionico, l'inversione temporale (T), l'inversione spaziale e la coniugazione di carica combinate (PC), l'inversione spaziale P, la coniugazione di carica C, la stranezza e lo spin isotopico (I).

Figura 20 - l'Idea di mutamento

Si cerca di cogliere qualcosa di significativo in Natura durante un mutamento, ovvero ciò che i fisici chiamano leggi di costanza durante una variazione.

Nell'LHC (Large Hadron Collider), ad esempio, la carica elettrica totale resta costante in ogni urto, qualunque sia il numero di particelle che possono venir create o annichilate nell'acceleratore.

La legge del moto di Newton descrive la maniera in cui il moto i corpi celesti rispondono alle forze gravitazionali.

Le equazioni di Maxwell sull'elettromagnetismo collegano la variazione dei campi elettrici e magnetici nello spazio e nel tempo.

Le leggi di conservazione sono eleganti per la loro semplicità. A queste aggiungiamo i principi di invarianza e di simmetria che esistono in Natura.

Cosa significa esattamente ciò?

Questa nuova visione del mondo è una visione di ordine nel caos: l'ordine delle leggi di conservazione imposto al caos che regna nel mondo submicroscopico.

Tutto ciò che può accadere senza che una legge di conservazione possa essere violata di fatto accade.

Questa nuova visione di "democrazia" nella Natura, di libertà sotto la legge, rappresenta un cambiamento rivoluzionario nel modo in cui si considera la legge naturale per eccellenza: la legge di *concessione*.

La legge di *concessione* definisce ciò che può (o che deve) accadere nei fenomeni naturali contrariamente a ciò che potrebbe prevedere una legge di *proibizione*, che definisce ciò che non può accadere.

Una legge di conservazione è, in effetti, anche una legge di *proibizione*. Essa di fatto **proibisce** qualsiasi fenomeno che permetta la variazione di una quantità che deve essere conservata ma, al tempo stesso, **permette** qualsiasi altro evento.

Comincia ora a delinearsi una certa correlazione tra eventi naturali e probabilità. Se la legge di conservazione non proibisce diversi risultati possibili di un esperimento, queste varie possibilità hanno una certa probabilità di accadimento. Ovvero, si può calcolare la probabilità, mai la certezza, di questi mutamenti senza fine che hanno luogo nel mondo submicroscopico.

Le leggi di probabilità sono allora esse stesse deducibili dalle leggi di conservazione? Ne parlerò nei prossimi testi che riguardano le statistiche quantiche.

L'esempio più bello della "forza" delle leggi di conservazione ha riguardato la natura del fotone. Partendo unicamente dai principi di conservazione sopra enumerati, è stato possibile dimostrare che il fotone deve essere una particella priva di massa, di spin unitario, che non ha carica elettrica, che può essere emesso o assorbito da particelle cariche come l'elettrone o l'antielettrone.

Nel mondo delle leggi umane, una persona sopraffatta dalle limitazioni che abbia pochi margini di debordare da una linea di condotta aperta, è sicuramente un individuo infelice.

Non è affatto così per quanto riguarda i fenomeni naturali. Nel mondo submicroscopico ci sono alcune "quantità" che sembrano essere conservate solo in certi tipi di processi e non in altri. Le leggi di proibizione, o di conservazione, non impongono alla Natura delle restrizioni nel senso che in talune circostanze è permesso violarle.

Usando la carica dell'elettrone come unità, la carica di ogni altra particella può avere valore -1, 0 o +1. La legge di conservazione della carica esige che la carica totale resti invariata durante qualsiasi processo di interazione o di trasformazione. Di conseguenza, in ogni evento, in cui intervengano delle particelle cariche, la carica totale deve avere lo stesso valore prima e dopo il processo. L'elettrone è la particella carica più leggera e, per questa ragione, non può decadere. Il decadimento dell'elettrone violerebbe necessariamente la legge di conservazione della carica.

Uno degli esperimenti condotti sulla stabilità dell'elettrone ha mostrato che la vita media di questa particella è, per noi, praticamente eterna: la sua longevità media è di miliardi di volte più grande della vita dell'Universo.

STATISTICHE QUANTISTICHE

L'osservabile più semplice, in meccanica quantistica, è quello che permette di calcolare la probabilità di trovare una particella in dato volume. Supponiamo di avere due particelle identiche, per esempio due elettroni, in un dato volume e che si voglia calcolare la probabilità di trovare una nella posizione x_1 e l'altra nella posizione x_2.

Se il loro stato è rappresentato dalla funzione d'onda $\psi(x_1, x_2, t)$, allora la probabilità sarà pari a: $|\psi(x_1, x_2, t)|^2$. Questa, a causa dell'indistinguibilità delle particelle, deve rimanere invariata se si scambiano le posizioni: $|\psi(x_1, x_2, t)|^2 = |\psi(x_2, x_1, t)|^2$.

Quest'uguaglianza ha solo due possibilità di essere soddisfatta a seconda che risulti simmetrica o antisimmetrica rispetto allo scambio:

$$\psi(x_1, x_2, t) = -\psi(x_2, x_1, t)$$

Da ciò segue che le particelle sono state divise dalla Natura in due classi distinte, a seconda delle proprietà di simmetria o di anti-simmetria possedute.

Si chiameranno *bosoni* le particelle che hanno la funzione d'onda simmetrica e *fermioni* le particelle che possiedono la funzione d'onda antisimmetrica. I bosoni e i fermioni hanno comportamenti statistici assolutamente diversi.

I bosoni seguono la statistica formulata dai fisici Bose-Einstein nel 1924; i fermioni seguono la statistica di Fermi-Dirac (1926).

Tale suddivisione è dipesa da una proprietà fisica caratteristica di ogni particella: il valore del suo momento angolare intrinseco o *spin isotropico*. I bosoni hanno valore intero di spin; i fermioni hanno valore semintero dello spin. Siccome l'elettrone ha spin di valore ½ esso è un fermione; il fotone ha un valore di spin 1 e quindi è un bosone.

La differenza sostanziale tra fermioni e bosoni discende dal carattere simmetrico o antisimmetrico della funzione d'onda. Per i fermioni vale il principio di esclusione di Pauli: due elettroni, ad esempio, devono disporsi in stati diversi e non possono avere gli stessi numeri quantici. I bosoni non sono soggetti a questo vincolo.

Cosa vuol dire tutto ciò?

Supponiamo di avere due particelle e tre scatole con differenti stati energetici in cui esse possono alloggiare. Se le due particelle fossero distinguibili, una rossa e una gialla, ad esempio, otteniamo nove differenti distribuzioni possibili. Se le consideriamo indistinguibili, solo rosse, ma con caratteristiche bosoniche, otteniamo sei differenti distribuzioni. Se, infine, le consideriamo indistinguibili, solo gialle, con caratteristiche fermioniche, si ottengono solo tre differenti distribuzioni.

Nel primo caso, (statistica di Maxwell-Boltzmann) le celle di uguale volume ma con energia maggiore sono meno popolate di quelle con energia minore.

Nel secondo caso (statistica di Bose-Einstein), i bosoni tendono ad occupare le celle che hanno lo stesso livello energetico; nel terzo caso (statistica di

Fermi-Dirac), un solo fermione si fermerà nella cella avente il minor livello energetico, gli altri andranno ad occupare celle a stati energetici superiori fino a che non si siano esaurite tutte le particelle.

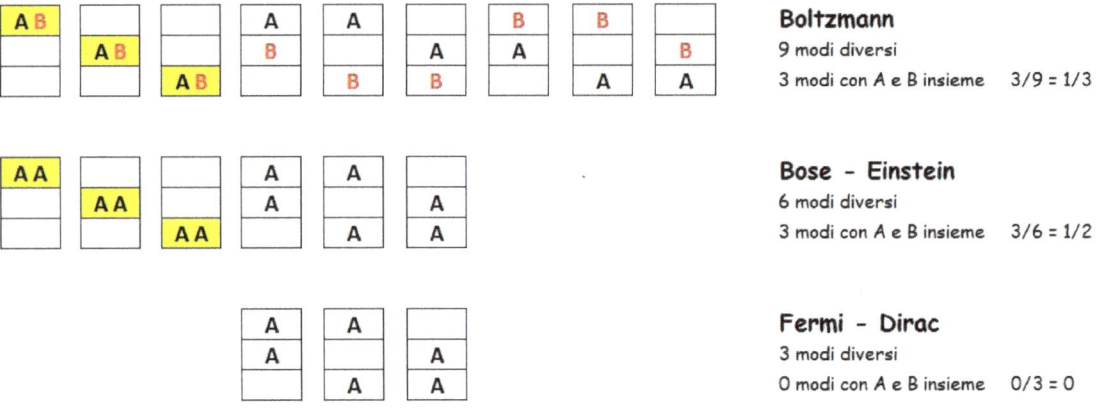

Figura 21

IL BOSONE DI HIGGS

Nel 1993, in un testo divulgativo di fisica di Leon M. Lederman «*The God particle: If the Universe is the answer, What is the question?*» fece capolino l'espressione «*La particella di Dio*» che fece indignare non poco il fisico britannico Peter Higgs che dichiarò di non condividere questa etichetta in quanto potenzialmente offensiva nei confronti di persone di fede religiosa.

Il meccanismo attribuito ad Higgs (nonché a F. Englert e R. Brout) fu introdotto in fisica nel 1964 in un lavoro indirizzato alla *Physical Review Letters*. La pubblicazione citava esplicitamente, in una nota finale, la possibile esistenza di un "nuovo" bosone, che fu successivamente incorporato nel *Modello Standard* in una descrizione della teoria di *gauge* relativamente all'interazione debole.

Il 13 dicembre 2011, in un seminario presso il CERN, veniva illustrata una serie di dati derivanti dagli esperimenti ATLAS e CMS, coordinati dai fisici Fabiola Gianotti e Guido Tonelli, che individuavano il bosone di Higgs in un intervallo di energia fra i 124 e 126 GeV, con probabilità prossima al 99%.

Il 5 aprile 2012, nell'anello che corre sotto la frontiera tra Svizzera e Francia, lungo 27 km, veniva raggiunta l'energia massima mai toccata di 8.000 miliardi di electronVolt (8 TeV).

Gli ulteriori dati acquisiti negli esperimenti permettevano di raggiungere la precisione richiesta e il 4 luglio 2012, in una conferenza tenuta nell'auditorium del CERN, presente Peter Higgs, i portavoce dei due esperimenti, Fabiola Gianotti per l'esperimento ATLAS e Joseph Incandela per l'esperimento CMS, davano l'annuncio della scoperta di una particella compatibile con il bosone di Higgs, la cui massa risultava intorno ai 126,5 GeV per ATLAS e ai 125,3 GeV per CMS.

La scoperta veniva ufficialmente confermata il 6 marzo 2013, nel corso di una conferenza tenuta dai fisici del CERN a La Thuile.

L'8 ottobre 2013 Peter Higgs e François Englert sono stati insigniti del premio Nobel per la scoperta del meccanismo di Higgs.

E allora cos'è il bosone di Higgs?

Il bosone è il *quanto* di uno dei componenti di un campo scalare *complesso* che è il *campo di Higgs*. Ha spin isotopico zero, coincide con la sua stessa antiparticella ed è pari sotto un'operazione di simmetria *CP*.

Nel giugno 2015, l'LHC riprese gli esperimenti con un'energia prossima all'energia massima prevista di 14 TeV. Oltre a nuove misurazioni relative al completamento delle caratteristiche del bosone di Higgs, molti fisici teorici hanno sperato di verificare l'esistenza delle particelle più sfuggenti della materia e di comprendere la natura della *materia oscura* e dell'*energia oscura*, che appaiono costituire rispettivamente circa il 27% e il 68% della massa-energia dell'Universo.

L'energia e la materia ordinaria a noi nota rappresentano solo il 5% della massa-energia totale.

E allora in cosa consiste il campo di Higgs?

In realtà esso consta di due campi *complessi*: un campo possiede la terza componente di iso-spin debole «+½» ed ha carica elettrica «+1»; l'altro campo, di iso-spin «-½», è neutro nel senso che le cariche elettriche o sono assenti o si compensano tra loro. La componente reale del campo neutro, la cui particella corrisponde al bosone di Higgs, sembra possedere un valore di aspettazione sul vuoto non nullo e capace di generare una rottura di simmetria.

I restanti tre campi *reali* (due campi formati dal campo carico e uno formato dalla parte immaginaria del campo neutro) corrispondono ai tre bosoni di Goldstone, per definizione privi di massa e scalari.

Nel meccanismo di Higgs, i bosoni di Goldstone divengono le componenti longitudinali dei bosoni W^+, W^- e Z^0, i quali, passando perciò da 2 a 3 gradi di libertà di polarizzazione, acquistano massa.

Dal meccanismo di Higgs deriva, in modo diretto, la massa dei leptoni e anche la massa dei quark attraverso l'estensione del "meccanismo" all'interazione di Yukawa.

Quando un campo di Higgs acquisisce un valore di aspettazione del vuoto non zero, determina, mantenendo sempre la compatibilità di gauge, la rottura spontanea della simmetria chirale, con comparsa nella lagrangiana, di un termine che descrive la massa del fermione corrispondente.

Rispetto al meccanismo di Higgs proprio dell'interazione elettrodebole, i cui parametri hanno chiare interpretazioni teoriche, il "meccanismo di Yukawa" risulta essere molto meno predittivo in quanto i parametri di questo tipo di interazione risultano introdotti ad hoc nel Modello standard.

Il bosone è dunque quella particella associata al campo di Higgs, che, secondo la teoria del Modello Standard, permea l'Universo conferendo la massa alle particelle elementari.

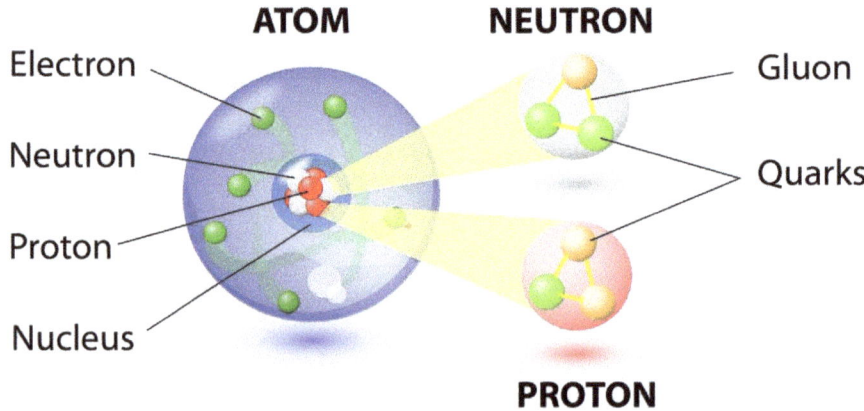

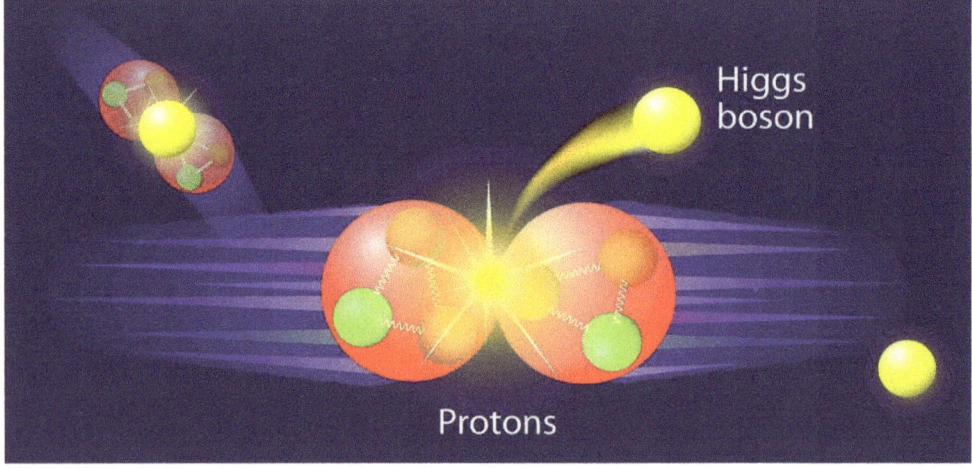

Figura 22 - Bosone di Higgs

L'esistenza di tale bosone garantisce inoltre la consistenza dello stesso Modello Standard, che, senza tale particella, porterebbe al paradosso di ottenere calcoli con probabilità maggiore di 1 in alcuni processi fisici.

QUANTI DI TEMPO

Una delle cose che viene da subito inculcata agli studenti della facoltà di Fisica è il concetto di misura. Ogni grandezza fisica deve essere misurabile e il risultato della misura, salvo un certo grado di precisione, deve essere lo stesso, ovunque.

Ha senso distinguere una grandezza fisica, anche se astratta come il tempo, da altre che non lo sono. Per esempio, non sono grandezze fisiche la bontà, la cattiveria, l'amore ... Il tempo è una grandezza fisica, la sua unità di misura è il "secondo".

Ma come nasce nella nostra mente l'idea del tempo?

Da quando l'umanità ha iniziato a "contare" è iniziata la misura del tempo. Ogni fenomeno periodico è utile per contare tra un "prima" e un "dopo".

Il fluire del tempo viene associato al movimento. Galileo scoprì la legge dell'isocronismo del pendolo misurando le oscillazioni col battito del polso. Egli, infatti, scoprì che non importa quanto grande o piccola possa essere l'oscillazione di un pendolo, il risultato finale è che il "tempo" dell'oscillazione non cambi.

Ma fateci caso ad una cosa. Usiamo per contare il sistema decimale perché abbiamo dieci dita delle mani. I Maya, che erano abili astronomi e matematici, inclusero anche le dita dei piedi sicché il loro sistema fu vigesimale. Ma per misurare il tempo non ci serviamo del sistema decimale o vigesimale o ottale o binario, ma di quello sessagesimale: un'ora è sessanta minuti, un minuto è sessanta secondi, et cetera.

Questa osservazione è preludio di qualcosa di stravagante. Non adoperiamo lo stesso sistema di misura per le grandezze spaziali e per il tempo.

Un'altra osservazione degna di nota è il concetto di Universo. Un solo verso determinato dalla freccia del tempo. Il tempo che assomiglia ad un fiume che scorre. E se il fluire del tempo assomiglia al fluire delle gocce di acqua del fiume, cosa accade sugli argini?

Oggi abbiamo delle risposte che fino agli inizi del secolo scorso non erano immaginabili. Einstein predisse, nella relatività generale, l'esistenza dei Buchi Neri. L'astronomia moderna ha confermato quelle previsioni. Si sa che questi "mostri" cosmici sono molto massivi e che hanno un orlo chiamato "orizzonte degli eventi" caratterizzato dal fatto che qualunque cosa lo oltrepassa, attratta dal campo gravitazionale, non sarà più in grado di tornare indietro. La soluzione delle equazioni di Einstein fu data da K. Schwarzschild, per un campo gravitazionale centrale simmetrico. La densità dell'oggetto cosmico all'interno del raggio di Schwarzschild, che delimita l'orizzonte degli eventi, è talmente elevata che neppure la luce fuoriesce a causa dell'enorme campo gravitazionale.

Ebbene, all'interno del raggio di Schwarzschild, neanche il tempo esiste. Nessun ticchettio è possibile.

Studiando la gravità quantistica ci si accorge che anche il tempo non è una grandezza omogenea ma anch'essa è granulosa. Esiste un "quanto" di tempo che è il più piccolo ed indivisibile. Miliardi di miliardi di questi quanti ci danno l'idea di un continuo temporale. Per ovviare a questo inconveniente, la fisica moderna ha la tendenza a far scomparire dalle "formule" matematiche la variabile "tempo".

Dal punto di vista "termodinamico" la freccia del tempo la si fa assomigliare all'entropia. All'entropia si associa il "grado" di disordine che esiste in Natura. La probabilità che il fumo di una sigaretta possa rientrare nella sigaretta stessa è molto remota. Che il bicchiere di cristallo lasciato cadere a terra possa ricomporsi e tornare nella mano integro è anch'esso un fatto improbabile. Si dice che l'entropia dell'Universo è in aumento perché in esso aumenta il disordine.

Per ristabilire un ordine occorre fornire energia all'ambiente. Ma l'Universo si sta progressivamente raffreddando perché è in rapida espansione. Il calore che viene ceduto all'ambiente esterno dai cibi dentro un frigorifero accade solo perché forniamo energia al sistema refrigerante. Senza di essa, il calore abbandona spontaneamente i corpi "caldi" per trasferirsi nei corpi freddi in modo verosimilmente irreversibile.

L'entropia perciò riguarda una misura, ovvero una stima del numero dei fenomeni fisici che possono realmente accadere.

Perché noi invecchiamo? Per lo stesso motivo. I processi dissipativi avvengono anche nel nostro organismo. Per questa ragione bisogna conservare una temperatura corporea di 36,5 °C, stabile. Se, al contrario, ci facessimo ibernare, il nostro metabolismo si ridurrebbe a qualche "quanto" vitale e la nostra probabilità di esistenza in vita (biologica) aumenta notevolmente.

Allora, il tempo esiste o non esiste?

L'atomo costituiva l'essere, il vuoto il non essere. Per Democrito, un atomo costituiva l'elemento originario e fondamentale dell'Universo, nonché il fondamento metafisico della realtà fisica; ciò significava che gli atomi non venivano percepiti a livello sensibile (realtà fisica) ma solo su un piano intelligibile, ossia attraverso un procedimento intellettuale che scomponeva e superava il mondo fisico-corporeo.

Oggi, la scienza moderna, attraverso i quanti, indaga sui meccanismi della creazione: quanti di spazio e quanti di tempo, che come l'atomo concepito da Democrito, sono entità indivisibili.

Come non esistono livelli energetici intermedi tra il livello E_k e il livello E_h, così non esiste tempo intermedio tra il quanto temporale i-esimo e quello che immediatamente lo precede. La carica di una particella, come l'elettrone, è indivisibile. Così lo è anche il quanto di tempo. Una quantità di carica elettrica come quella depositata in una pila è determinata da un numero infinitamente grande di quanti di carica elettrica, allo stesso modo, in ciò che noi chiamiamo "secondo" c'è una miriade di quanti di tempo che lo compongono. E tra un quanto di tempo e il suo successivo, il tempo non esiste.

E allora quanto è piccolo questo "quanto di tempo"?

Considerando che esso è il più breve intervallo di tempo misurabile, ovvero rappresenta il "tempo di Planck" che un fotone, viaggiando alla velocità della luce, percorre una distanza pari alla lunghezza di Planck: il suo valore è di 5,391 × 10⁻⁴⁴ secondi e la sua espressione matematica è la seguente:

$$\sqrt{\frac{hG}{2\pi c^5}}$$

h: costante di Planck;

G: costante gravitazionale;

c: velocità della luce.

In alternativa si può anche scrivere che il nostro "minuto" (dammi un solo minuto) equivale a $1,1 * 10^{48}$ T_P.

T_P è il "quanto del tempo", la più piccola misurazione del tempo che abbia qualche significato secondo la scienza attuale. L'età stimata dell'Universo ($4,36 \times 10^{17}$ s) è di circa $8,09 \times 10^{60}$ T_P

QUANTI DI SPAZIO

Uno studente di fisica, che al mattino assista ad una lezione sulla relatività generale e nel pomeriggio ad una lezione di meccanica quantistica, potrà immediatamente porsi una domanda: il mondo è uno spazio curvo oppure è uno spazio indefinito dove saltano quanti di energia?

La risposta è ovvia.

Il Novecento ci ha lasciato due perle di scienza: la relatività e la meccanica quantistica. Sulla prima si sono sviluppate la cosmologia, l'astrofisica, lo studio delle onde gravitazionali e la teoria dei Buchi Neri. Sulla seconda sono costruite la fisica atomica e nucleare, la fisica delle particelle e dei quanti e la moderna tecnologia, che ha "rivoluzionato" il nostro modo di vivere.

Il paradosso, immediatamente scoperto dallo studente, consiste nel considerare che entrambe le teorie funzionano meravigliosamente bene. Egli comprende quanto altrettanto necessaria possa rivelarsi l'attuale ricerca sulla "gravità quantistica", che ha come obiettivo quello di unificare le due teorie in una che descriva in modo coerente l'infinitamente grande e l'infinitamente piccolo.

È già successo in passato quando la Fisica si è trovata ad unificare due teorie di successo ma apparentemente contraddittorie. Newton ha trovato la sintesi della gravitazione universale combinando le parabole di Galilei con le ellissi di Keplero e Maxwell ha unificato le teorie dei campi elettrici e magnetici.

Einstein ha dovuto risolvere un apparente conflitto fra elettromagnetismo e meccanica celeste: la curvatura della radiazione elettromagnetica indotta dalla presenza di corpi massivi.

Con la recente scoperta del bosone di Higgs, la nebbia che avvolgeva le due teorie anziché diradarsi si è infittita. Se il meccanismo di Higgs spiega come quanti di energia possono acquisire una massa non spiega l'esistenza dell'energia oscura e della materia oscura presente nell'Universo.

La principale linea di ricerca attuale è incentrata sul tentativo di risolvere il problema con una teoria emergente: la *gravità quantistica* "a loop".

Vi partecipano molti ricercatori italiani, giovanissimi e quasi tutti inseriti in università *straniere*; in barba alle politiche nostrane di lasciar scappare i giovani talenti e premiare l'analfabetismo dei politici di turno.

La gravità quantistica a loop è un tentativo di combinare la relatività generale e la meccanica quantistica. La prima conseguenza è che dobbiamo "rivoluzionare" il pensiero attuale di come è strutturata la nostra realtà.

Quali sono i presupposti?

La relatività generale ci ha insegnato che lo spazio non è un cubo il cui lato cresce alla velocità della luce e che si può comprimere e storcere.

La meccanica quantistica ci ha insegnato che i campi in cui agiscono le interazioni della Natura, esclusa la gravità, inducono alla concezione di una materia che ha una struttura fine e granulare.

La domanda che ci poniamo è la seguente: lo spazio che ci avvolge fino alle altezze intangibili di quello cosmico è fatto anch'esso in modo fine e granulare?

L'argomento centrale della neonata teoria dei loop è perciò fondata sulla considerazione che lo spazio che ci circonda non sia un continuo ma che possa essere immaginato come "atomi di spazio". Queste "gocce di spazio" sono piccolissime: un miliardo di miliardesimi di un nucleo atomico. Ne conosciamo anche il valore: il valore del loro volume è h^3: $7,09 * 10^{-44}$ [eV*s]^3

Dove sono allora localizzate queste gocce di spazio?

Figura 23

Da nessuna parte. Esse non sono in uno spazio perché esse stesse sono granelli indivisibili di spazio.

Lo spazio che immaginiamo noi è creato dall'interagire di questi quanti di gravità subatomica.

Il nostro mondo viene nuovamente sconvolto da questo nuovo modo di immaginare la realtà fisica: lo spazio è una relazione tra quanti e non un oggetto fisico.

E allora come sparisce l'idea di spazio continuo che contiene le cose che ci circondano e noi stessi?

Le equazioni che descrivono i quanti di spazio e di materia non contengono più la variabile "tempo". Ciò, tuttavia, non deve indurci ad immaginare che tutto sia immobile e che non siano possibili i cambiamenti. Al contrario, il cambiamento ci appare ubiquo e i processi elementari non sono ordinati in una successione di "istanti".

Nella ridottissima scala dei quanti di spazio, la danza della Natura non si svolge più al ritmo della "bacchetta" di un direttore d'orchestra. Ogni singolo processo si svolge in perfetta armonia col vicino seguendo un ritmo proprio. Come può accadere ad una coppia di ballerini che decidano di sperimentare un nuovo genere di ballo.

Ci siamo arrivati, finalmente!

Le relazioni fra eventi quantistici costituiscono il mondo e sono essi stessi la sorgente del tempo.

Ci stiamo progressivamente allontanando da ciò che ci familiare. Dobbiamo abituarci all'idea che non c'è più un mondo che ci contiene e non c'è più un tempo che scandisce il ritmo del movimento. Ci sono solo infiniti processi elementari dove quanti di spazio e di materia interagiscono tra loro in modo continuativo.

L'illusione dello spazio-tempo *absolutum* ci appare ora solo come la visione sfocata di questo fitto pullulare di processi elementari. Esattamente come un bicchiere d'acqua che contiene miriadi di miriadi di molecole che danzano tra loro.

E allora, alla luce di queste idee, come possono essere "ripensati" i Buchi Neri?

Perché questi "mostri" cosmici finiscono per sparire alla nostra vista?

Se la teoria quantistica a loop è corretta, la materia all'interno di un Buco Nero non può essere collassata in un punto infinitesimo. Non esistono punti infinitesimi. Esistono quanti di spazio. In questi oggetti cosmici, la materia è diventata sempre più densa e può aver occupato totalmente volumi di cubi di lato h. Questo ipotetico stato finale della Natura, dove la pressione generata dalle fluttuazioni quantistiche dello spazio-tempo bilancia il peso della materia estremamente densa, ha ora un nuovo nome: la "Stella di Planck".

Una Stella di Planck è stabile o no?

Ci sono motivi molto seri per immaginare che una Stella di Planck non possa essere stabile, secondo la teoria cosmologica. Una volta che essa abbia raggiunto la massima compressione, riesplode come in un nuovo big-bang. Questo fenomeno osservato dall'esterno può implicare miliardi di anni nel suo evolversi. Osservato dall'interno, il fenomeno non è descrivile in termini di tempo in quanto, all'interno del raggio di Schwarzschild, gli orologi non ticchettano. Quindi un osservatore che sieda all'interno di un Buco Nero vedrebbe il nuovo big-bang solo come un rimbalzo di qualcosa che si è contratto fino ad innescare una nuova esplosione.

Questa teoria di unificazione della relatività e della meccanica quantistica potrebbe funzionare oppure è solo un'idea coraggiosa?

IL BIG BOUNCE

L'idea è coraggiosa, ossia riunire in una teoria unica la relatività e la meccanica quantistica, ma potrebbe non funzionare. Una delle ipotesi più avvincenti è che nel nostro Universo primordiale potrebbero non essersi formati abbastanza Buchi Neri per poterne vedere almeno uno esplodere ora, sotto i nostri occhi.

Tuttavia, alla domanda: cosa c'era prima del Big Bang, sembrava non esserci una risposta convincente. La teoria della gravità quantistica a loop avrebbe la pretesa di dare una risposta sostenibile. La teoria descrive in elegante formalismo matematico gli «atomi di spazio» e le equazioni che descrivono il loro evolversi. Si chiamano «loop», cioè anelli, perché ciascuno di essi non è isolato ma inanellato con altri simili formando una rete di relazioni che tesse la trama di tutto lo spazio.

Ciò che si ricava da quelle equazioni è che quando un Universo risulta estremamente compresso, la teoria quantistica prevede un'enorme forza "repulsiva" con il risultato di generare una grande "esplosione". In realtà potrebbe trattarsi di un "grande rimbalzo", ovvero di un Big Bounce.

Il nostro Universo potrebbe aver tratto origine da un Universo che stava contraendosi fino al punto di "rimbalzare" e ricominciare ad espandersi.

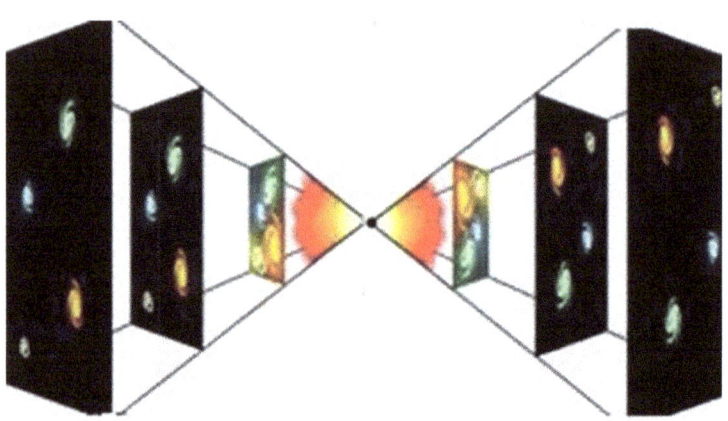

Figura 24

Siamo un tantino abituati a questa concezione. Il Sole, dopo aver percorso durante il giorno la sua traiettoria apparente di luce nel nostro cielo, tramonta in un'esplosione di colori, quelli del tramonto; lascia il posto alle tenebre e poi "rimbalza" all'alba in un nuovo trionfo di luce e calore.

Il momento del "rimbalzo" è quando l'intero Universo è compresso in uno spazio-tempo ridottissimo, una nuvola di probabilità che le equazioni riescono ancora a mala pena a descrivere.

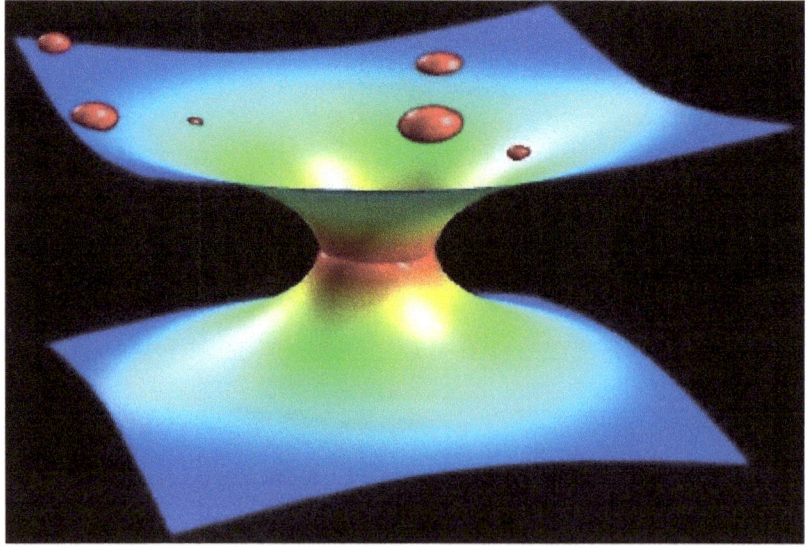

Figura 25 - Imbuto cosmico

Con parole diverse: il nostro Universo può essere nato da un "rimbalzo" di una fase precedente, passando attraverso una fase intermedia senza spazio e senza tempo. La metafora del giorno e della notte sembra supportare benissimo quest'ipotesi rendendola comprensibile.

Fino a metà dell'Ottocento gli scienziati di quel tempo pensavano a ciò che noi oggi chiamiamo "calore" fosse un liquido che permeava i corpi materiali: lo chiamarono "calorico".

Maxwell e Boltzmann compresero ciò che noi sappiamo: il calorico non esiste e il calore è la causa che scatena la "vivacità" con cui atomi e molecole si muovono più velocemente. L'aria fredda, ad esempio, ha le molecole di gas che "corrono" lente.

Semplice e bello. Ma finisce qui?

Perché il calore ha la tendenza a "fluire" dalle sostanze calde a quelle fredde e non viceversa?

Il calore si comporta esattamente come il tempo. In tutti quei casi in cui non c'è scambio di calore il futuro si comporta esattamente come il passato. Non appena permettiamo al calore di "esprimersi" nel suo linguaggio "energetico" ci accorgiamo che "prima" e "dopo" hanno un senso diverso. La differenza tra passato e futuro esiste solo quando c'è calore. E il perché il calore va dalle cose calde a quelle meno calde è simile al tempo che va dal passato verso il futuro.

Perché ciò accade?

Semplice. È il caso. Oggi possiamo dirlo con certezza. Il motivo è che la probabilità con cui un atomo di una sostanza calda rilasci parte della sua energia cinetica ad un atomo di una sostanza fredda è più elevata. L'energia si conserva negli urti ma tende a distribuirsi in modo più o meno uniforme quando ci sono tanti urti a caso.

Questo portare la probabilità al centro delle leggi fisiche e usarla anche per spiegare le dinamiche del calore fu presa all'inizio come una colossale assurdità.

Il fisico E. Coccia, allievo di Amaldi, in una conferenza spiegò con una brillante metafora questa circostanza: "se fate indossare dei guanti a un neonato, dopo un po' di tempo egli in qualche modo riuscirà a toglierseli, magari aiutandosi con la bocca. È molto meno probabile che lo stesso neonato possa riuscire a fare il contrario, cioè a rinfilarsi i guanti. Ciò per due ragioni: perché i modi con cui il neonato possa rinfilarsi i guanti sono molto più numerosi rispetto a quelli con cui si li è tolti; per trovare il modo di infilarsi i guanti, il neonato dovrebbe far ricorso ad energie intellettive che ancora non possiede, cioè quelle che gli permetterebbero di coordinare i movimenti in una sequenza logica di azioni che determinano il successo dell'operazione.

La probabilità in gioco nelle scienze fisiche è legata al nostro grado di "ignoranza". Per esempio: se sciolgo il nodo di un palloncino gonfio e lo lascio libero, esso si sgonfierà svolazzando in aria in modo rumoroso ed imprevedibile. Imprevedibile per me, che conosco la forma, volume, pressione e temperatura del palloncino prima di slegare il nodo. Lo svolazzare del palloncino dipende nel dettaglio dalla posizione delle molecole del gas al suo interno, che non conosco. Una cosa è certa. Non posso prevedere l'evoluzione con cui il palloncino sgonfiandosi piroetta nell'aria ma posso assegnare una probabilità all'evento che esso, sgonfiandosi fuoriesca dalla finestra, faccia un giro intorno al campanile e ritorni nella stanza da cui è uscito.

Questo per sottolineare il fatto che taluni eventi sono più probabili ed altri improbabili se non addirittura impossibili.

La probabilità con cui negli urti delle molecole di un corpo caldo il calore possa trasmettersi a quelle di un corpo meno caldo risulta certamente maggiore della probabilità con cui possa accadere il contrario.

Questo modo di ragionare è proprio della fisica statistica che, a partire da Boltzmann, rappresenta l'origine probabilistica nella comprensione dei fenomeni naturali. Termodinamica e statistica dei moti molecolari sono state introitate dalla meccanica quantistica. Tuttavia, come si comporti il campo gravitazionale quando il calore si diffonde nel suo raggio di azione è ancora un problema parzialmente irrisolto.

Ha senso parlare di un campo gravitazionale caldo? Il campo gravitazionale è lo stesso spazio-tempo (cronotopo) inteso come teatro in cui si sviluppa la "commedia" della vita e al momento non si è scoperto abbastanza cosa fa vibrare i "quanti di spazio" nel gioco dell'armonia degli anelli.

Riprendo la metafora del paragrafo precedente riguardo ai ballerini che decidano di sperimentare un nuovo genere di ballo. Essi hanno bisogno di due cose fondamentali: armonia e musica. Armonia per coordinare i movimenti sulla pista da ballo e musica per la conservazione del ritmo. Gli spettatori che applaudono sono così presi dalla performance dei ballerini che vivono solo il momento presente. Mentre essi seguono con interesse il movimento dei ballerini, per loro il passato non esiste già "più" ed il futuro non esiste "ancora".

Confrontiamo ora i due concetti: "adesso" e "qui". "Qui" è il luogo dove i ballerini danzano. "Adesso" è un fotogramma della performance.

I filosofi sono arrivati alla conclusione che un "presente comune" a tutto l'Universo sia solo un'illusione e i fisici sono arrivati alla conclusione che il qui è solo il luogo dove due anelli formati da quanti di spazio (i ballerini) vibrano in un gioco di armonia.

COME ADOPERIAMO LA TEORIA QUANTISTICA?

Il mondo delle particelle ci appare spesso "distante" dalla nostra vita reale e, soprattutto, ci appare insolita ogni cosa che abbia a che fare con l'antimateria.

Il positrone, l'antiparticella dell'elettrone, di carica elettrica positiva, che viaggia all'indietro nel tempo, che si annichila con l'elettrone con emissione di radiazione gamma, è oggi utilizzata nella diagnostica medica per la produzione di bioimmagini: si tratta della Positron Emission Tomography.

La PET dà informazioni di tipo fisiologico al medico permettendo di ottenere mappe dei processi funzionali all'interno del corpo umano.

La procedura inizia con l'iniezione nel paziente di un farmaco formato da un radio-isotopo tracciante con emivita breve, legato chimicamente a una molecola attiva a livello metabolico, ad esempio il fluorodesossiglucosio.

Dopo un tempo di attesa, durante il quale la molecola, metabolicamente attiva, raggiunge una determinata concentrazione all'interno dei tessuti organici da analizzare, il paziente viene posizionato in una sorta di scanner.

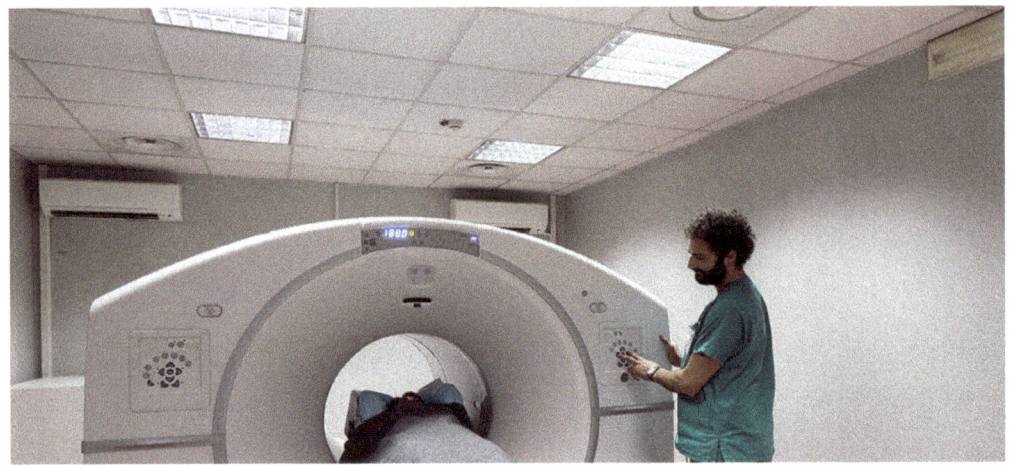

Figura 26 - Paziente sottoposto a PET

L'isotopo radioattivo contenuto nella sostanza iniettata, di brevissima vita media, decade emettendo un positrone che, dopo un percorso di qualche millimetro dal luogo dove viene creato, si annichila con un elettrone, producendo una coppia di fotoni gamma, entrambi di energia 511 KeV, che sono emessi in direzioni opposte tra loro.

Questi fotoni sono rilevati quando raggiungono uno scintillatore nel dispositivo di scansione, dove creano un lampo luminoso, rilevato attraverso dei tubi fotomoltiplicatori.

Lo scopo della tecnica è la rilevazione simultanea di coppie di fotoni: i fotoni che non raggiungono il rilevatore in coppia, cioè entro un intervallo di tempo di pochi nanosecondi, non sono presi in considerazione.

Dalla misurazione della posizione in cui i fotoni colpiscono il rilevatore, si può ricostruire l'ipotetica posizione del corpo da cui sono stati emessi, permettendo la determinazione dell'attività o dell'utilizzo chimico all'interno delle parti dell'organo su cui investigare.

La mappa risultante rappresenta i tessuti in cui la molecola campione si è maggiormente concentrata. Essa viene letta ed interpretata da uno specialista in medicina nucleare al fine di determinare una diagnosi ed il conseguente trattamento farmacologico.

La PET è estensivamente adoperata in oncologia clinica al fine di ottenere una rappresentazione puntuale dei tumori e per la localizzazione esatta delle metastasi.

Altre diagnosi, anche differenziali, quali le demenze e le malattie neurodegenerative in generale sono basate su indicazioni della PET cerebrale.

La PET viene perciò utilizzata anche per diagnosticare particolari patologie tipo: la demenza di Alzheimer, la malattia di Parkinson e la Sclerosi Laterale Amiotrofica (SLA).

MENTE E MACCHINE

L'accostamento della mente umana alle ultime scoperte tecnologiche è stata una costante della storia del pensiero.

Da R. Descartes (Cartesio) che, nel XVII secolo, descriveva il cervello come un sistema idraulico, a K. Pearson, che, alla fine dell'Ottocento, la paragonava ad un sistema telefonico, agli odierni computer quantistici.

In due direzioni, dunque, si manifesta il risultato della metafora che identifica menti e macchine. Da una parte la costruzione di macchine che si comportino, replichino o simulino le produzioni della mente, dall'altra il concepire e studiare la mente come una macchina.

La prima tendenza ha prodotto, a partire dalle calcolatrici di Pascal e di Leibniz, macchine che forniscono risultati di attività umane: calcolo, linguaggio e logica.

Sono attività queste con non pochi contrasti soprattutto per quel che riguarda la loro accostabilità che, quasi spesso, si identificano con l'intelligenza.

La seconda tendenza è stata inizialmente una tesi filosofica: con la tecnologia moderna è stata realizzata una concreta offerta di modelli alle scienze cognitive.

La metafora della macchina ha una forte presa sulla persona "comune". Forse più che sullo smaliziato filosofo: la mente, in fondo, è una merce molto diffusa, tutti ce l'abbiamo. Talune macchine (Laptop e smartphone), anche se sono di adoperabilità familiare, sono comunque sempre inventate e create nei laboratori segreti della scienza.

Quando viene offerta alle persone comuni la possibilità di dialogare con programmi antropomorfi, le domande più frequenti vertono intorno alle impegnative questioni esistenziali. La spiritualità, l'interiorità, la vita, l'amore, l'odio, la gelosia, il risentimento, la sensibilità dell'animo, l'invidia... manifestazioni dalle quali ci si aspetta anche dalle macchine oppure attraverso l'interazione con le macchine.

A volte attribuiamo a queste una conoscenza superiore a quella umana (oggi si può interagire con una fonte pressoché inesauribile di informazioni: internet). O addirittura pensiamo alle macchine come fonte di saggezza. Applicata al cosmo, invece che al cervello, la metafora della macchina ha l'effetto di insinuare e rendere plausibile l'idea della creazione.

Terzo incomodo, o mediatore, dell'opposizione tra mente e macchina è il cervello. In fondo le manifestazioni (interazione con Pc o smartphone con internet) sono prodotte da una causa materiale e hanno un alveo naturale come il cervello.

La possibilità di una replica del mentale presuppone due condizioni non facilmente conciliabili: un'autonomia del mentale ed un substrato materiale.

Il funzionalismo è una formulazione della tesi dell'autonomia concettuale del mentale: evita lo spiritualismo, affermando che tale autonomia si manifesta solo nel tipo di spiegazione adeguata a stati mentali.

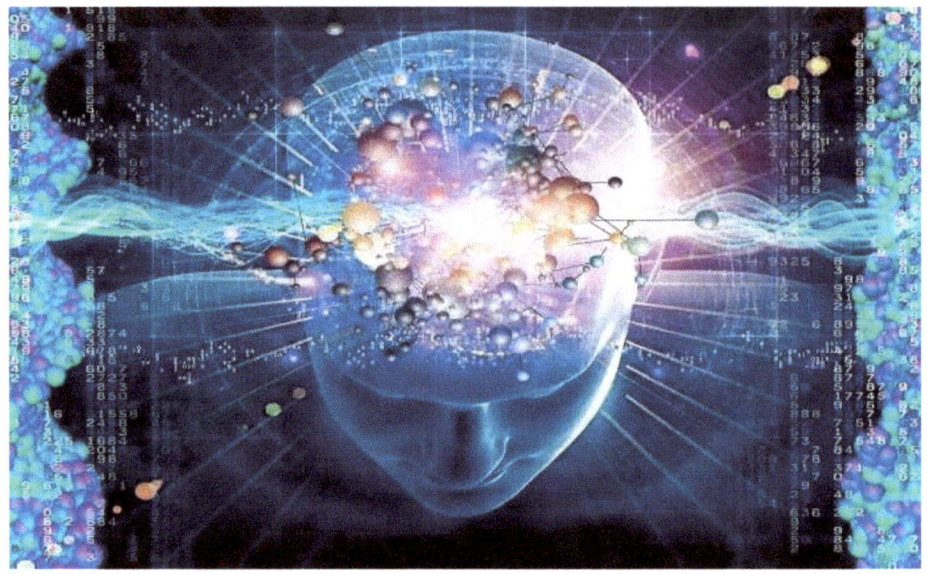

Figura 27 - Autonomia concettuale

È adeguata, ad esempio, ad un fisico che opta per spiegazioni che facciano riferimento alle funzioni in astratto, non al tessuto materiale dei dispositivi "intelligenti".

Ma il funzionalismo non è separabile da qualche forma, sia pur blanda, di materialismo?

Qui interviene lo smaliziato filosofo con le sue domande imbarazzanti: come interagisce la "res cogitans" con la "res extensa"?

UN CENNO AI METODI MATEMATCI DELLA FISICA

Per descrivere uno stato quantico (in meccanica quantistica lo stato quantico è la rappresentazione algebrica di un sistema fisico), Dirac fece uso di un formalismo matematico elegante e raffinato: la notazione *bra-ket*.

Essa è usata per denotare vettori astratti in uno spazio funzionale lineare, lo spazio di *Hilbert*.

Il nome deriva dal fatto che il prodotto scalare di due stati ϕ e ψ è denotato con una *bracket* (parentesi) ⟨ ϕ | ψ ⟩ consistente in due parti: la sinistra ⟨ ϕ | chiamata *bra*, e la parte destra | ψ ⟩ chiamata *ket*.

Un *ket* può descrivere completamente uno stato quantico.

Ma da dove ci arriva questa conoscenza? Dalla mente di un solo uomo o dalla mente di molti pensatori e attraverso varie epoche?

La *res cogitans* è la realtà psichica a cui Cartesio attribuisce qualità come l'inestensione, la libertà e la consapevolezza. La *res extensa* invece va ripensata come percezione del "cronotopo".

Non è difficile intuire che i vettori "bra-ket" fanno parte di un'algebra.

Cosa significa "Algebra" e in che consiste?

الجبر (*al-ǧabr*) significa "unione", "connessione" o "completamento", ma anche "aggiustare".

Essa ci deriva dal libro del matematico persiano Muḥammad ibn Mūsā al-Ḵwārizmī, intitolato Al-Kitāb al-mukhtaṣar fī hīsāb al-ğabr wa'l-muqābala: "*Compendio sul Calcolo per Completamento e Bilanciamento",* conosciuto anche nella forma breve Al-Kitab al-Jabr wa-l-Muqabala.

Gli albori dell'algebra risalgono al II millennio a.C. con la matematica babilonese e quella egiziana. Ciò non toglie importanza al lavoro di al-Khwārizmī, il quale raccolse materiale da tradizioni differenti (greca, indiana e siriaco-mesopotamica) e compilò un trattato dotato di sistematicità che divenne un punto di riferimento per lo sviluppo e per l'unione culturale di popoli della Terra.

Quali sono dunque i presupposti dell'algebra?

Il numero è un concetto astratto. Le cifre arabe che li rappresentano li chiamiamo numeri naturali e li associamo a date quantità nell'ambito di una collezione omogenea di oggetti:

$$0, 1, 2, 3, \ldots, i, \ldots n, \ldots$$

(il numero 5, ad esempio, deve essere pensato come "posseggo" 5 oggetti della collezione)

Questi numeri formano un insieme infinito di elementi che denotiamo con la lettera maiuscola latina "N".

Se "aggiustiamo" questi numeri introducendo il segno "meno" davanti ad ognuno di loro:

$$\ldots, -n, \ldots, -5, -4, -3, -2, -1,$$

(la quantità -5 deve essere pensata come: "devo restituire" 5 oggetti della collezione a Caio che mi li ha prestati)

Ora:

l'insieme che si ottiene dalle precedenti collezioni:

$$\ldots, -n, \ldots, -5, -4, -3, -2, -1, 0, 1, 2, 3, 4, 5, \ldots, n, \ldots$$

rappresenta l'insieme dei numeri interi e si indica con la lettera maiuscola latina Z.

Se agli elementi dell'insieme Z aggiungiamo le frazioni come ½; 1/3, 2/5, ..

si costruisce l'insieme dei numeri razionali che si denota con la lettera Q.

Ci sono dei numeri, come: π (=3,14..), la radice quadrata di 2 (=1,414..), e (=2,718..) che si aggiungono agli oggetti dell'insieme Q per creare un nuovo insieme: l'insieme R, dei numeri reali.

Quando furono trovate le soluzioni dell'equazione $x^2+1=0$, venne introdotta l'unità immaginaria:

$$j^2 = -1.$$

Associando l'unità immaginaria agli elementi dell'insieme R, si costruisce il campo dei numeri complessi che si indica con la lettera C.

Quindi la scrittura:

$$N \subset Z \subset Q \subset R \subset C$$

esprime, in sintesi, che C è l'insieme "universo" che contiene tutti gli altri insiemi che lo compongono.

Come sono state costruite le strutture algebriche?

Consideriamo l'insieme dei numeri interi Z. Si individua un'operazione binaria (+) tale che valgano gli assiomi:

Comunque si prendano tre numeri dell'insieme Z (simbolo $\forall$), perché $Z^{+,*}$ abbia le caratteristiche di una struttura algebrica, deve valere la proprietà **associativa**:

1. $\forall (a, b, c) \in Z \rightarrow (a + b) + c = a + (b + c)$;
2. $(a * b) * c = a * (b * c)$

Deve esistere **l'elemento neutro** rispetto alle operazioni: +, *:

3. $a + 0 = 0 + a$ (0 è l'elemento neutro per l'operazione "+");
4. $a * 1 = 1 * a$ (1 è l'elemento neutro per 'operazione "*")

Deve esistere **l'elemento "inverso"**:

5. $a + (-a) = (-a) + a = 0$;

6. a * 1/a = (1/a) * a = 1

Se sussistono gli assiomi precedenti, l'insieme [Z, (+, *)] è una struttura algebrica denominata GRUPPO.

Se valgono anche le proprietà:

7. **commutativa**: a + b = b + a; a * b = b * a;
8. **associativa** per l'operazione "*": (a*b)*c = a*(b*c)
9. **distributiva**: (a + b) * c = a*c + b*c

l'insieme (Z, +, *) è una struttura algebrica denominata ANELLO.

Se valgono per l'operazione "*" le seguenti proprietà:

1. commutativa: a*b = b*a;
2. esistenza dell'elemento neutro: a*1=1*a
3. esistenza del **reciproco**: a*1/a = (1/a)*a =1

La struttura algebrica (Q, +, x) è denominata CAMPO. È un campo la struttura algebrica (R, +, *) e (C, +, *)

La struttura algebrica:

(V, R, +, *), dove V è l'insieme dei vettori, prende il nome di SPAZIO VETTORIALE.

LA PERCEZIONE DEL CRONOTOPO

Prima di iniziare una breve disgressione sul "cronotopo", ovvero lo "spazio-tempo", dove il tempo e lo spazio fanno parte di un "unicum" e non sono distinguibili in "oggetti" separati, ritengo sia necessario accennare al significato di "gravità".

Quando nel linguaggio corrente affermiamo che è successo qualcosa di "inaudita gravità" è implicita l'idea di attribuire all'evento un "peso" rilevante negli accadimenti del nostro quotidiano.

Se non ci fosse la *gravità* non ci sarebbe nessun "peso" né sulla Terra né altrove nell'Universo.

E allora, che cos'è la gravità?

Com'è ormai ampiamente noto, la Natura ci ha permesso di comprendere quattro tipologie di interazione:

1. l'interazione forte: la "colla" che tiene attaccati neutroni e protoni nel nucleo di un atomo;
2. l'interazione debole; responsabile del decadimento beta con emissione di elettroni in ambito della radioattività;
3. l'interazione elettromagnetica: rende conto dei fenomeni elettrici e magnetici;
4. l'interazione gravitazionale o "gravità".

Le ultime due tipologie di interazioni hanno qualcosa in comune: sono dette a "lungo range", ovvero la loro azione si fa sentire anche a distanze rilevanti.

Tuttavia, esse si differenziano per un aspetto saliente: nell'interazione elettromagnetica gli oggetti carichi di elettricità di un segno attraggono gli oggetti carichi di elettricità di segno opposto oppure che poli magnetici di segno opposto si attraggono; nell'interazione gravitazionale c'è una sola svolta: essa è sempre attrattiva.

La forza di gravità si può allora a buona ragione definire "lo scultore dell'Universo"?

Nell'immagine, fornita dall'osservatorio Hubble, si può notare una moltitudine di oggetti luminosi che arricchiscono il mistero della gravità. Esse sono tutte Galassie che a loro volta contengono miriadi di Stelle e Pianeti tenuti insieme da questa immane forza attrattiva.

Figura 28

Fino al secolo XVII si distingueva ancora tra mondo "terrestre" e mondo "celeste". Galilei, per esempio, era convinto che tutto ciò che accade in cielo accade sulla terra con le stesse modalità. Si deve a Newton l'aver intuito la regola o legge matematica che era alla base della convinzione di Galilei.

Per dar conto, con parole attuali, sull'intuizione di Newton, immaginiamo di salire sulla terrazza di un grattacielo e di posizionare una sorta di "cannoncino" capace di "sparare" palle da golf con vigore crescente. Inizialmente, le palline, dopo aver percorso una traiettoria parabolica, cadranno a terra. A mano a mano che si aumenta la velocità (quindi l'energia) con cui le palline sono sparate, l'andamento parabolico si attenua e le palline cadranno sempre più lontane. Non appena si raggiunge la velocità di 11 Km/sec, una pallina non cadrà più a terra ma continuerà a cadere sempre intorno alla Terra. Questa è la stessa ragione per cui la Luna cade sempre in un'orbita quasi circolare intorno alla Terra.

In realtà questa fu l'intuizione di Newton: allo stesso modo come una mela cade in testa al filosofo di turno che siede sotto l'albero, la Luna cade sulla Terra senza mai intercettarla perché ha sufficiente energia per girarle attorno.

Ovviamente ci si pone un'altra domanda. Chi dà quell'energia alla Luna per stare sempre in orbita intorno alla Terra?

La spiegazione più elegante si deve ad Einstein nella relatività generale. Una massa, come la Terra, ad esempio, deforma lo spazio-tempo intorno ad essa e gli oggetti che le stanno attorno "cadono" nell'imbuto procurato dalla deformazione della "ragnatela" del cronotopo.

Cade la Luna intorno alla Terra, cadono le Comete e i Pianeti intorno al Sole, cade il Sole intorno al centro della Via Lattea.

Ma Einstein andò oltre. Predisse teoricamente anche la circostanza che la luce, proveniente da Stelle lontane, potesse "curvare" la propria traiettoria quando entra nel campo gravitazionale di astri enormi come il Sole.

Inizialmente l'idea fu presa con una certa diffidenza. Ma quando Eddington nel 1919, durante un'eclissi di Luna, fotografò la posizione delle Stelle da cui proveniva la luce con un certo angolo di deviazione rispetto alla posizione "virtuale" delle Stelle stesse, allora il trionfo della relatività generale dette al suo ideatore la notorietà che oggi gli spetta.

Cosa possiamo concludere con le informazioni appena date?

Che la "gravità" deforma lo spazio-tempo in modo proporzionale alle masse degli astri e che l'interazione gravitazionale è una legge universale, ovvero che tutto ciò che accade sulla terra accade nelle altezze intangibili del Cosmo, non solo nel presente.

La legge di gravitazione è universale ed ha validità sia nel passato che nel futuro. Con le formule della meccanica celeste, ad esempio, è possibile calcolare esattamente la posizione di Giove nella sua orbita intorno al Sole anche tra qualche migliaio di anni.

Ma l'idea del cronotopo è tutta qui?

Certamente no. Il tempo scorre diversamente a seconda di quanto è più o meno forte il campo gravitazionale. Un orologio di grande precisione, portato nell'atmosfera del Sole (non deve fondere) ha sicuramente dei "battiti" più lenti di un identico orologio sulla Terra.

Quasi ogni automobilista oggi fa uso del "navigatore" quando deve muoversi in aree cittadine poco frequentate. Il rilevamento della posizione è affidato ad un sistema noto come GPS (Global Position System) che nel navigatore è dinamico e proviene dalla triangolazione di almeno 5 satelliti artificiali in orbita attorno alla Terra.

La circostanza che i satelliti, anche quelli geostazionari, sono molto distanti dalla superficie terrestre rispetto alla nostra automobile induce a sospettare che il ticchettio dei loro orologi sia più lento. Se il sistema di navigazione non correggesse questa piccola differenza di "battito" ad ogni incrocio sbaglieremmo sicuramente strada. Essi, infatti, devono introdurre una correzione temporale in considerazione del fatto che in prossimità della superficie delle strade il tempo scorre più "veloce" rispetto a quello scandito sui satelliti in orbita attorno alla Terra.

La relatività del tempo e dello spazio è una perla di intuizione che ci consente di far luce su altri meccanismi del nostro Universo, in parte conosciuti: l'esistenza delle onde gravitazionali e quella degli avvenimenti catastrofici che sono alla base della loro origine.

SPAGHETTIFICATION

Quando Einstein predisse teoricamente l'esistenza delle onde gravitazionali concluse che si trattava di una deformazione dello spazio-tempo dovuta ad una causa cosmica "violenta" (ad esempio l'esplosione di una supernova) che si propaga in tutte le direzioni con ampiezze così "piccole" (un miliardesimo di miliardesimo di metro) che potevano ritenersi "trascurabili".

Sicuramente Einstein non immaginava che ad un tale John Weber, un sognatore, nel 1969, gli sarebbe venuto in mente l'idea di concepire un "modo" di come costruire un rivelatore di onde gravitazionali, sfidando l'imponderabile.

Weber immaginò che se le onde gravitazionali sono una perturbazione dello spazio-tempo allora è possibile costruire un "risuonatore" capace di oscillare quando è investito dall'onda. Egli, infatti, costruì due cilindri gemelli (diapason) e li pose a 1.000 Km di distanza, entrambi orientati verso il centro della nostra Galassia dove si sospettava che ci fossero sorgenti di onde gravitazionali.

Da qui ebbe inizio una sorta di "corsa all'oro", quasi ovunque nel mondo si risvegliò questo interesse per la rivelazione delle onde gravitazionali.

Dopo innumerevoli tentativi di migliorare la sensibilità dei rivelatori e dopo aver compreso che la tecnica ottimale era quella di far uso di interferometri laser, lo scopo è stato raggiunto l'11 febbraio 2016: la VIRGO Collaboration e la LIGO Scientific Collaboration pubblicarono la notizia della prima osservazione diretta di onde gravitazionali (denominata GW150914), costituite da un segnale distinto ricevuto alle 09.51 UTC del 14 settembre 2015 proveniente da due Buchi Neri aventi circa 30 masse solari che si erano fusi alla distanza straordinaria di 1,3 miliardi anni-luce dalla Terra.

E allora cos'è la spaghettificazione?

Quando un'onda gravitazionale perturba lo spazio, a partire dalla sorgente che l'ha generata, produce come effetto un quasi percettibile allungamento dell'oggetto investito dall'onda. È come se l'oggetto si assottigliasse similmente ad uno "spaghetto" e si allungasse in direzione perpendicolare a quella di propagazione dell'onda.

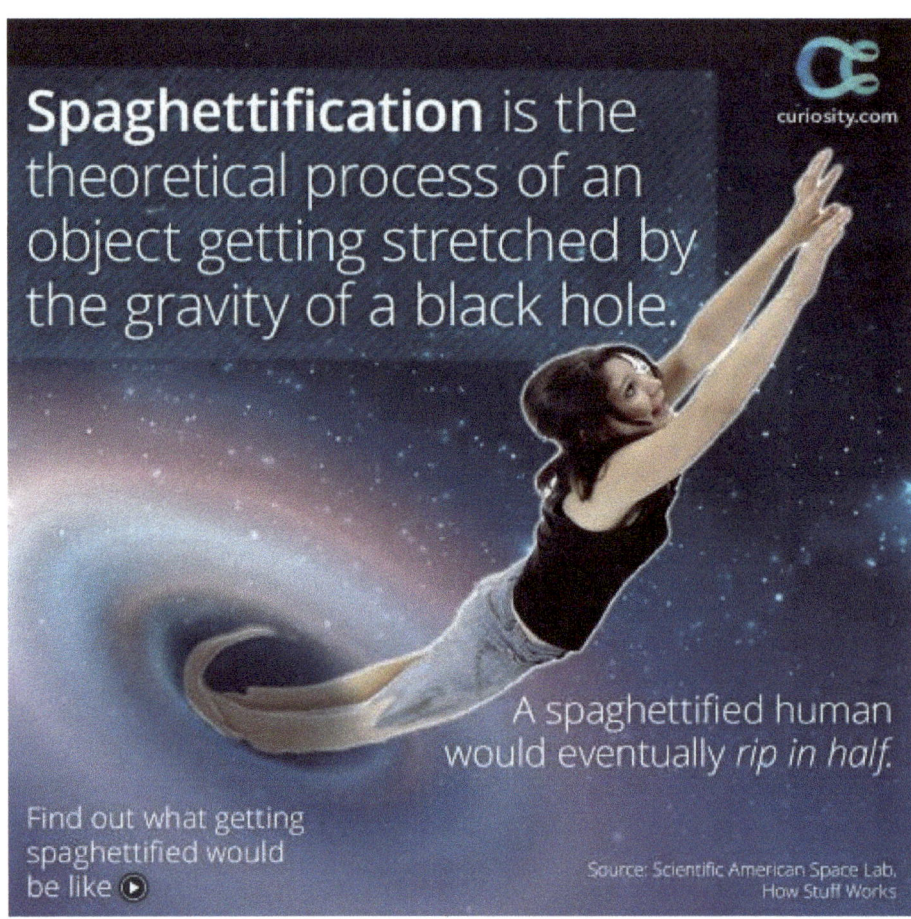

Figura 29 - Spaghettificazione come assottigliamento

La cosa più interessante che viene spesso sottolineata in questa vicenda della rivelazione delle onde gravitazionali è che l'umanità ha sempre percepito l'Universo attraverso le onde luminose.

Dal 14 settembre 2015 si è aperta una nuova epoca della conoscenza: l'Universo, attraverso le onde gravitazionali, ci manda dei "suoni" associati all'evento che le ha generate.

Si aprono nuove frontiere della ricerca: comprendere più a fondo il meccanismo che è alla base della formazione delle Stelle di neutroni e immaginare in modo più concreto l'esistenza di una miriade di Buchi Neri nel nostro Universo che possano giustificare la presenza della "materia oscura".

Riporto qui una bellissima frase del filosofo Marcel Proust: «Il vero viaggio che compie la scoperta non consiste nel "vedere" nuovi paesaggi ma di osservare il creato con nuovi occhi».

UNA NUOVA IDEA DI PERCEZIONE DEL MONDO

La frase di Marcel Proust: «Il vero viaggio che compie la scoperta non consiste nel "vedere" nuovi paesaggi ma di osservare il creato con nuovi occhi», ha un senso compiuto se riuscissimo in qualche modo a "comprendere" lo sforzo della ricerca scientifica e a "compiere" un salto qualitativo nella percezione sensoriale del mondo della quotidianità.

Nelle scuole dell'obbligo si continua a fornire, col metodo della geometria euclidea, il concetto di "rette parallele". Molti insegnanti propongono spesso la metafora delle rette parallele che assomigliano ai binari della rete ferroviaria: ossia due linee che corrono nello spazio con la caratteristica di conservare sempre la stessa distanza senza mai intersecarsi.

Cosa accade a quelle rette se corressero parallele nello spazio-tempo?

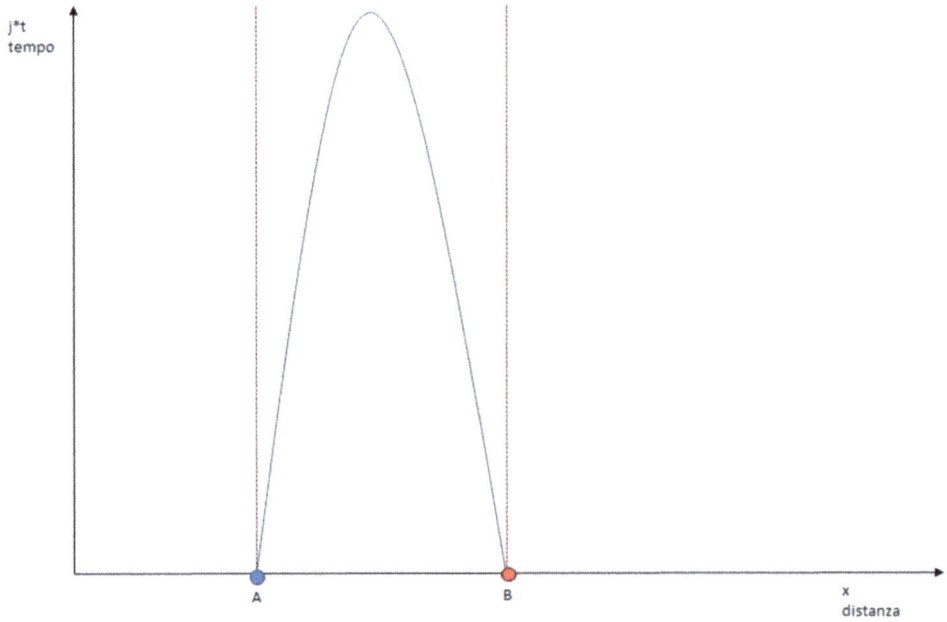

Figura 30

Supponiamo che due aerei occupino inizialmente le piste A e B disegnate nella figura (poniamo all'equatore della Terra) e decidano di alzarsi in volo simultaneamente con l'impegno di mantenere la stessa quota e la stessa distanza tra loro e di procedere in direzione nord verso l'Artico in modo da realizzare due traiettorie parallele. Procedendo con ritmo regolare e costante, i piloti dovranno constatare che in prossimità del Polo entrambi gli aerei stanno per confluire nello stesso punto e se non provvedono a deviare in tempo finiranno per collidere.

Perché accade ciò?

La geometria dello spazio-tempo non è euclidea. Le traiettorie percorse dagli aerei sono geodetiche e non rette parallele. La superficie che avvolge la Terra non è piatta ma curva e questa è una circostanza "universale" che si ritrova in tutti gli ambiti dello spazio-tempo ove esista materia.

Questa è la grande novità introdotta da Einstein il secolo scorso nella percezione del mondo: la presenza di materia (o di energia) deforma geometricamente lo spazio-tempo. Se la Terra gira intorno al Sole è perché la materia contenuta nel Sole ha deformato la geometria dello spazio-tempo e ogni corpo celeste del sistema solare non può che muoversi in questo mondo curvo secondo orbite ellittiche.

Mi piace riportare qui la famosa frase di A. Wheeler che sintetizza elegantemente ciò che è stato appena esposto: «Lo spazio-tempo dice alla materia come muoversi; la materia dice allo spazio-tempo come curvarsi».

IL MICROCOSMO UMANO

Una domanda che spesso ci poniamo è la seguente: fino a che punto so di esistere?

Questa è, ovviamente, una delle frontiere più interessanti della scienza. Il continuo scambio di informazioni col nostro "microcosmo" produce i nostri pensieri. La moderna tecnologia ci mette a disposizione strumenti nuovi che ci consentono di esplorare la nostra attività cerebrale e di "mappare" l'intricatissima rete neuronale.

Risale a pochi anni fa la notizia che è iniziata una ricerca sulla struttura mesoscopica animale. Ovvero, la mappatura completa della struttura cerebrale "fine" di un mammifero. Neuroscienziati e filosofi sono alla ricerca di delineare la struttura che corrisponda alla sensazione soggettiva della coscienza.

Uno scienziato italiano, che fa ricerca negli Stati Uniti, Giulio Tononi, ha sviluppato un'interessante teoria: la "Teoria dell'informazione integrata". Si tratta di un contributo per caratterizzare in modo quantitativo la struttura che un sistema fisico deve possedere per poterlo definire "cosciente".

Cosa cambia nel nostro universo sensoriale quando siamo svegli e quando dormiamo? Si possono far corrispondere ad almeno questi due stati delle equazioni matematiche che descrivono la sensazione di possedere una coscienza?

Prima di rispondere a queste domande, c'è una questione che spesso ci lascia molto perplessi.

Che significa che siamo liberi di prendere delle decisioni se il nostro comportamento segue le leggi della natura?

Non c'è forse contraddizione fra la nostra sensazione di libertà e la percezione con cui si svolgono le cose attorno a noi? C'è qualcosa in noi che ci consente di sfuggire alla regolarità della Natura e muoverci col nostro libero pensiero?

La risposta è no. Non c'è nulla in noi che sfugge alle regolarità della natura; altrimenti, l'avremmo già scoperta. Non c'è nulla in noi che violi il comportamento naturale delle cose. La fisica, la chimica, le neuroscienze, la biologia non fanno altro che rafforzare questa consapevolezza.

Quando pensiamo di essere liberi, e possiamo esserlo, ciò significa che i nostri comportamenti sono determinati da quello che accade dentro di noi in sinergia con ciò accade fuori. Ma fino a che punto sono veramente «io» a decidere? Nei neuroni del mio cervello non ci sono «io»; eppure, sono in grado di impormi dei comportamenti, quindi di agire.

Le idee che abbiamo e l'immagine del nostro «io», al momento attuale, sono abbastanza rozze e sbiadite nel dettaglio della complessità di ciò che avviene nella nostra interiorità.

Abbiamo cento miliardi di neuroni nel nostro cervello, tanti quanto sono le Stelle della nostra Galassia. Ma non deve stupire questo dato. Un numero ancora più astronomico riguarda gli stati in cui questi neuroni possono trovarsi. Il mio «io» è dunque un'informazione che ci viene da questa complessità. Tuttavia, l'«io» che decideva i miei comportamenti il mese scorso potrebbe essere assai diverso dall'«io» che decide oggi.

Il nostro cervello non è altro che uno strumento di calcolo potentissimo e capace di elaborare una miriade di informazioni che ci arrivano come input dal mondo esterno ed altre che sono residenti nella nostra memoria.

Quando siamo chiamati a prendere una decisione non decide il mio «io» soltanto ma decide tutto il mio corpo, in un insieme di sterminata complessità.

I nostri valori morali, le nostre emozioni, le nostre passioni, fanno parte della nostra natura e possono essere condivisi con altre persone perché in milioni di anni di evoluzione si è andato affermando il raffinamento di un'entità astratta: l'intelligenza.

Figura 31

Noi siamo la Natura stessa che si riflette in sé. Una Natura che si modifica a ritmo incessante: non più di 30.000 mila anni fa la Terra era popolata dai Neanderthal, oggi da noi. Ma la nostra specie, l'homo sapiens, durerà a lungo?

Non mi pare abbiamo la stoffa di chi ambisce all'eternità e rimodella "pesantemente" l'ambiente in cui vive. Apparteniamo ad un genere di specie a vita breve. I cambiamenti climatici che sono stati innescati sono "brutali" e difficilmente "reversibili".

Con questi "ritmi" non saremo solo una civiltà che scompare, come gli Egizi o i Maya; il rischio è molto più alto.

Ma questa è la nostra realtà.

«Il nostro appetito di vita è vorace, la nostra sete di vita è incolmabile», scriveva Lucrezio in "De rerum natura".

CHE COSA SONO LE WIMP?

C'è un enigma che accompagna il lavoro di fisici ed astrofisici da tempo: comprendere la natura della materia oscura non barionica.

Si sa che circa un quarto del contenuto dell'Universo è costituito da questo tipo di materia non ordinaria. Si intuisce facilmente come essa concorra a formare galassie e ammassi di galassie ma non si conoscono a fondo i meccanismi che regolano la sua composizione.

Il modo più naturale per spiegare la materia oscura consiste nell'ipotizzare la presenza di una nuova particella massiva soggetta alle interazioni deboli: la Wimp (**W**eakly **I**nteracting **M**assive **P**article).

Simili particelle venivano prodotte nel plasma originario dell'Universo primordiale che col suo raffreddarsi si sono separate e, se stabili, arrivano fino a noi. La ricerca attuale mira a comprendere come sia possibile che circa un quarto della densità di massa-energia totale dell'Universo porta le Wimp ad avere un intervallo di massa compreso tra circa 1 GeV (1 Giga-electron-Volt è l'energia associata alla massa del protone) e qualche decina di TeV (decine di migliaia di volte la massa del protone).

Queste scale di energia sono in fase di sperimentazione al CERN e LHC e si spera che alcuni risultati potranno arrivare dalle ricerche in corso come la scoperta di una nuova particella con le caratteristiche delle Wimp.

Se così accadrà, sarà uno straordinario successo sia per la fisica delle particelle che per la cosmologia.

Molti modelli di fisica teorica contemporanea predicono l'esistenza di particelle che hanno le caratteristiche delle Wimp: ad esempio il "neutralino", presente nei modelli super-simmetrici.

Potrebbero esistere anche le cosiddette "Mirror dark matter", ovvero delle particelle "specchio" che duplicano quelle del Modello Standard ma che interagiscono poco con la materia ordinaria.

La ricerca sulla natura delle strutture cosmologiche sembra orientarsi più alle particelle "pesanti" che sono state rilasciate dall'Universo primordiale come particelle "lente" o "fredde" e la "materia oscura fredda" è proprio quella che sembra essere necessaria per formare la complessità della rete cosmica in cui si trovano gli oggetti dell'Universo così come le osserviamo.

Lo studio del comportamento delle particelle nel plasma primordiale potrebbe tuttavia risultare molto complesso e non sono da scartare possibili alternative altrettanto interessanti.

Un caso peculiare è rappresentato dal cosiddetto "assione". Un vento leggero che, sebbene sia molto leggero in virtù della propria dinamica, può agire su scala cosmologica come materia oscura fredda e rappresenterebbe quindi un ottimo candidato.

L'*assione*, così come è stato teorizzato, ha proprietà molto semplici e possiede una forza di interazione con la materia che dipende strettamente dalla sua massa: esso può interagire con i fotoni, oppure con gli elettroni o con i quark.

Cos'è la radioattività?

Alla fine del secolo decimo-ottavo, coi lavori dello scienziato francese Henry Becquerel, l'umanità ha scoperto l'esistenza della radioattività. Fin dalla formazione della Terra, circa cinque miliardi di anni fa, la materia era formata da atomi stabili non radioattivi e da atomi instabili radioattivi. Col trascorrere dei secoli, la maggior parte dei radioisotopi, attraverso il processo di decadimento, hanno cessato di essere radioattivi.

La radioattività, dunque, è la proprietà che hanno gli atomi di alcuni elementi di emettere spontaneamente radiazioni ionizzanti.

Esistono in natura alcuni isotopi che subiscono un decadimento spontaneo a causa del bombardamento di raggi cosmici provenienti dallo spazio attraverso il vento stellare. In tal caso si parla di radioattività naturale.

Un chilogrammo di granito ha una radioattività naturale di circa 1.000 Becquerel.

Un litro di latte ha una radioattività naturale di circa 80 Becquerel.

Un litro di acqua di mare ha una radioattività naturale di circa 10 Becquerel.

Un individuo di 70 kg di peso ha una radioattività dell'ordine di 8.000 Becquerel, causata dalla presenza, nel corpo umano, di isotopi radioattivi naturali (in larga parte l'isotopo del potassio noto come potassio-40).

La dose di radioattività naturale a cui è sottoposto l'organismo in un anno è pari approssimativamente alla dose associata ad una radiografia del torace moltiplicata per venti.

Gli isotopi presenti in natura sono quasi tutti stabili. Tuttavia, alcuni isotopi naturali, e quasi tutti gli isotopi artificiali, presentano nuclei instabili, a causa di un eccesso di protoni e/o di neutroni. Tale instabilità provoca la trasformazione spontanea in altri isotopi, e questa trasformazione si accompagna con l'emissione di radiazioni ionizzanti per cui essi sono chiamati isotopi radioattivi, o anche radioisotopi ovvero radionuclidi.

La trasformazione di un atomo radioattivo porta alla produzione di un altro atomo, che può essere anch'esso radioattivo ma più stabile. Essa è chiamata disintegrazione o decadimento.

Il decadimento, a seconda dei casi, può completarsi in tempi abbastanza variabili. Una misura di tale tempo è data dal *tempo di dimezzamento*, o tempo di vita media, che esprime l'intervallo temporale alla fine del quale la metà degli atomi radioattivi inizialmente presenti ha subito una trasformazione spontanea.

Ad esempio, il radioisotopo artificiale tecnezio-99 ha un tempo di dimezzamento di 6 ore (dopo 6 ore la sua radioattività si è ridotta della metà); il radioisotopo artificiale iodio-131 ha un tempo di dimezzamento di 8 giorni; il radioisotopo naturale potassio-40 ha un tempo di dimezzamento di 1,3 miliardi di anni. Dopo dieci tempi di dimezzamento, la radioattività di un radioisotopo è mille volte inferiore a quella iniziale.

Un campione contenente radioisotopi si caratterizza per il suo grado di radioattività, che viene espresso col numero di decadimenti nell'unità di tempo.

L'unità di misura della radioattività è perciò il *Becquerel* e vale una disintegrazione al secondo.

La radioattività si manifesta in tre modalità diverse a cui sono state assegnate lettere dell'alfabeto greco: alfa, beta e gamma.

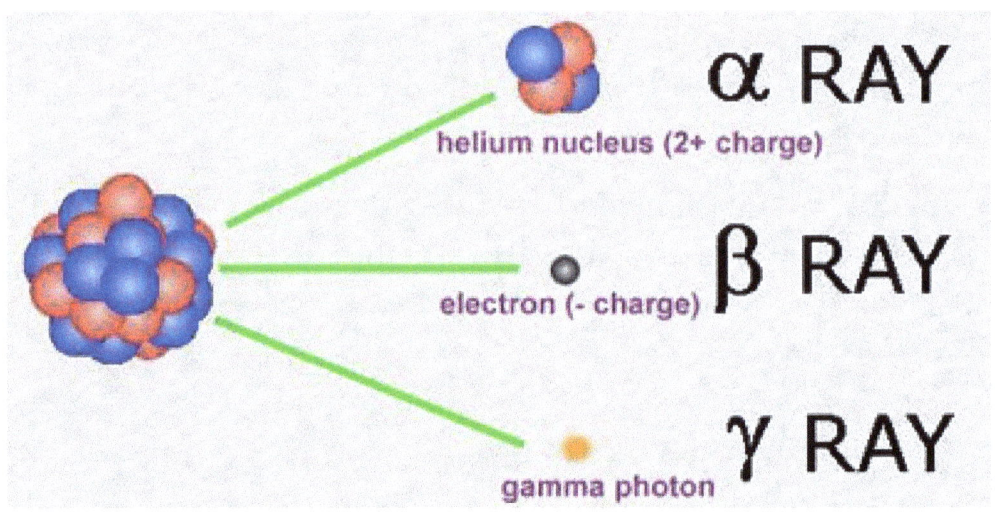

Figura 32

Ciascun tipo di radioattività ha un proprio "potere penetrante" e le protezioni hanno differenti "modalità di schermatura".

La radioattività alfa è caratteristica di quegli atomi i cui nuclei contengono quantità eccessive di protoni e neutroni. Un'emissione alfa è costituita da un nucleo di elio (due protoni e due neutroni) e perciò ha una carica elettrica $+2e$. Tale disintegrazione porta alla creazione di isotopo di altro elemento chimico, avente numero atomico diminuito di due unità e numero di massa diminuito di quattro unità.

Ad esempio: l'uranio 238 (92 protoni + 146 neutroni) emette radioattività alfa trasformandosi in torio-234 (90 protoni + 144 neutroni), con un tempo di dimezzamento di 4,5 miliardi di anni.

Le radiazioni alfa, per la loro natura, sono poco penetranti e possono essere completamente bloccate da un semplice foglio di carta.

La radioattività beta si manifesta in quegli atomi i cui nuclei contengono quantità eccessive di neutroni. In particolare, uno dei neutroni del nucleo si disintegra in un protone e in un elettrone; il protone rimane nel nucleo di origine mentre l'elettrone viene espulso dall'atomo originario. Tale disintegrazione porta alla formazione di isotopo di un altro elemento chimico che ha il numero atomico aumentato di una unità (il protone in più) e numero di massa invariato (il protone ha sostituito il neutrone). Ad esempio il cobalto-60 (27 protoni + 33 neutroni) emette radioattività beta trasformandosi in nichel-60 (28 protoni + 32 neutroni), con un tempo di dimezzamento di 5,3 anni. Le radiazioni beta sono più penetranti di quelle alfa e possono essere completamente bloccate da piccoli spessori di materiali metallici (ad esempio, pochi millimetri di alluminio).

La radiazione gamma è una onda elettromagnetica, come i raggi X, molto energetica. Le radiazioni alfa e beta sono invece di tipo corpuscolare e dotate di carica elettrica (positiva le alfa, negativa le beta).

La radiazione gamma accompagna solitamente una radiazione alfa o una radiazione beta. Infatti, dopo l'emissione alfa o beta, il nucleo è ancora eccitato perché i suoi protoni e neutroni non hanno ancora raggiunto la nuova situazione di equilibrio: di conseguenza, il nucleo si libera rapidamente dell'energia superflua attraverso l'emissione di una radiazione gamma.

Esempio: il cobalto-60 si trasforma per disintegrazione beta in nichel-60, che raggiunge il suo stato di equilibrio emettendo una radiazione gamma.

Al contrario delle radiazioni alfa e beta, le radiazioni gamma sono molto penetranti e per bloccarle occorrono rilevanti spessori di materiali ad elevata densità, come il piombo.

CANALI CEREBRALI QUANTOMECCANICI

Un luogo probabile, nel cervello umano, dove possono accadere fenomeni quantistici sono i canali ionici all'interno della membrana cellulare neuronale.

Sono canali lunghi appena qualche millesimo di millimetro e larghi meno della metà. In essi passano ioni di potassio e di sodio procedendo in "fila indiana". Si tratta di un flusso di ioni straordinariamente veloce. Ad essi è affidato il compito di trasmettere i nostri pensieri all'interno del cervello.

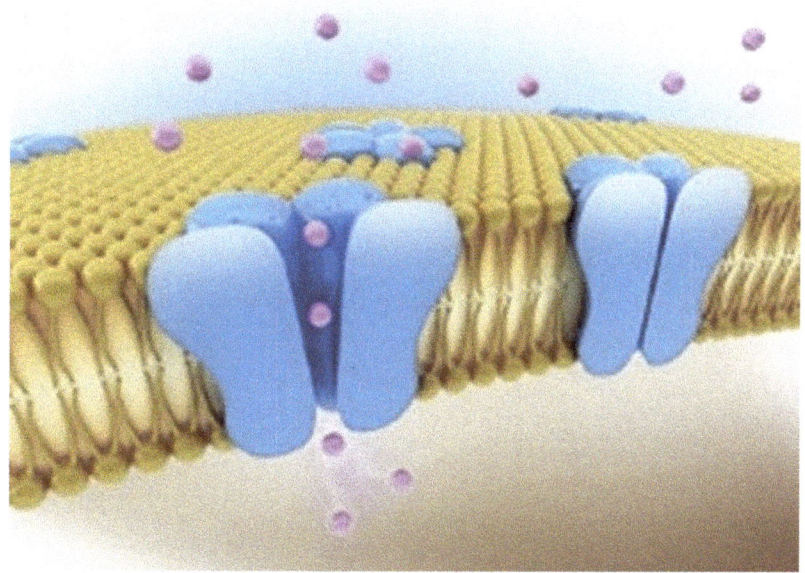

Figura 33 - Canali ionici quantomeccanici

Un canale ionico coerente non può tuttavia codificare tutta l'informazione collegata ad un processo cognitivo che culmina nella visualizzazione di un oggetto complesso come l'immagine di un arcobaleno.

I canali ionici devono essere collegati necessariamente tra loro. La meccanica quantistica, tuttavia, può suggerire solo delle ipotesi sostenibili. È probabile che, nella grande molteplicità di canali ionici, gli ioni che li attraversano possano essere tra loro «correlati».

Ogni cervello possiede un proprio campo elettromagnetico che è rivelabile attraverso l'elettroencefalogramma. È probabile che piccole particelle discrete di materia, come gli ioni, possano modulare il campo elettromagnetico cerebrale per la trasmissione delle informazioni al «sito» della coscienza.

L'equazione di Einstein: $E = mc^2$ mostra che energia e materia sono intercambiabili. L'energia associata campo elettromagnetico cerebrale è dunque tanto reale quanto lo è la materia dei neuroni. Siccome il campo è generato e plasmato dalla materia, anche l'informazione si propaga all'interno della massa cerebrale e non rimane intrappolata nei singoli neuroni.

Il campo cerebrale interagisce dunque con gli ioni quantistici coerenti che sono in moto nei i canali ionici e da questa interazione prendono vita i nostri pensieri e le nostre azioni.

La modulazione del campo elettromagnetico cerebrale è alla base dell'attività nervosa che è in relazione con la «coscienza».

Un esempio?

A chi non è successo di cercare un oggetto che si trova in bella vista e di cercarlo in mezzo alla confusione di altre cose?

Mentre guardiamo nella confusione, l'informazione visiva di quell'oggetto viaggia verso il nostro cervello, attraverso gli occhi, ma non riusciamo ad individuare ciò che cerchiamo. Poi, all'improvviso, lo vediamo in modo nitido e distinto.

Cosa cambia nel nostro cervello nell'istante in cui scorgiamo l'oggetto che stavamo cercando?

Probabilmente il campo elettromagnetico cerebrale ha sincronizzato gli ioni nei canali in modo coerente col risultato di far transitare il pensiero da non cosciente a cosciente.

Lo schema evidenziato, relativo ai canali ionici e ai campi elettromagnetici cerebrali, è frutto di speculazione per fornire un collegamento tra l'aspetto classico del cervello e quello quantistico.

Conclusioni

Questo breve saggio non ha certo la pretesa di avvicinare un numero crescente di persone agli interrogativi del mondo submacrospico per il quale la Scienza ancora non dispone di teorie unificate.

In quanto esseri umani, siamo equidistanti da Stelle e da atomi.

Dalle particelle elementari al principio di indeterminazione, dall'infinitamente grande all'infinitesimo ed oltre, possiamo intuire un percorso irripetibile per comprendere l'ordine che sovrasta le cose e le ragioni del mondo in cui viviamo.

BIBLIOGRAFIA DI BASE

[1] Max Born, *Fisica atomica*, Boringhieri Editore, Grugliasco (TO), Luglio 1982;

[2] Paul A. M. Dirac, *I principi della meccanica quantistica*, Boringhieri Editore, Gravinese di Torino, Ottobre 1983;

[3] Albert Einstein, *Il significato della relatività*, Boringhieri Editore, Torino, Seconda edizione 1976;

[4] Werner Heisenberg, *I principi fisici della teoria dei quanti*, Boringhieri Editore, Torino, Seconda edizione 1976;

[5] Kenneth W. Ford, *La fisica delle particelle*, Biblioteca della EST – Edizioni scientifiche e tecniche Mondadori – officine grafiche veronesi;

[6] Jim Al-Khalili e Johnjoe McFadden, *La fisica della vita*, Bollati Boringhieri Editore, Stampato da Grafica Veneta s.p.A. di Trebaseleghe (PD), anno 2018;

[7] Jerry B. Marion, *La Fisica e l'universo fisico*, Zanichelli Editore;

INDICE

Prefazione	1
Il Modello Standard delle particelle	2
Che ruolo ha la meccanica quantistica?	6
La sovrapposizione quantistica	11
La correlazione quantistica	15
Che cos'è la biologia quantistica?	16
Dualismo onda-particella	18
Meccanica classica e meccanica quantistica	22
La funzione d'onda	27
La materia adronica	30
Oggetti ed eventi del mondo submicroscopico	35
Inversione del tempo	38
La parità	42
La coniugazione di carica	47
Le leggi di concessione	53
Statistiche quantistiche	57
Il bosone di Higgs	60
Quanti di tempo	65
Quanti di spazio	70
Il Big Bounce	76
Come adoperiamo la teoria quantistica?	82
Mente e macchine	85

Un cenno ai metodi matematici della fisica	88
La percezione del cronotopo	93
Spaghettification	98
Una nuova idea di percezione del mondo	101
Il microcosmo umano	103
Che cosa sono le WIMP?	107
Che cos'è la radioattività?	109
Canali cerebrali quantomeccanici	114
Conclusioni	117
Bibliografia generale	118
Indice	119

www.ingramcontent.com/pod-product-compliance
Lightning Source LLC
Chambersburg PA
CBHW041546220526
45473CB00015B/2967